R. J. Ranjit Daniels
J. Patrick David
Vinoth Balasubramanian

Diversidade e importância para a conservação das aves florestais

R. J. Ranjit Daniels
J. Patrick David
Vinoth Balasubramanian

Diversidade e importância para a conservação das aves florestais

ScienciaScripts

Imprint

Any brand names and product names mentioned in this book are subject to trademark, brand or patent protection and are trademarks or registered trademarks of their respective holders. The use of brand names, product names, common names, trade names, product descriptions etc. even without a particular marking in this work is in no way to be construed to mean that such names may be regarded as unrestricted in respect of trademark and brand protection legislation and could thus be used by anyone.

Cover image: www.ingimage.com

This book is a translation from the original published under ISBN 978-3-659-64083-4.

Publisher:
Sciencia Scripts
is a trademark of
Dodo Books Indian Ocean Ltd. and OmniScriptum S.R.L publishing group

120 High Road, East Finchley, London, N2 9ED, United Kingdom
Str. Armeneasca 28/1, office 1, Chisinau MD-2012, Republic of Moldova, Europe
Printed at: see last page
ISBN: 978-620-7-85648-0

Prefácio

Os Ghats Orientais da Índia Peninsular não estão bem explorados no que respeita à sua biodiversidade. Os Ghats Orientais meridionais, situados no estado de Tamil Nadu, apresentam uma biodiversidade interessante, especialmente devido à sua proximidade com os Ghats Ocidentais, um dos hotspots mundiais de biodiversidade. No presente trabalho, que é um projeto realizado pela Care Earth Trust, avaliámos a diversidade das aves florestais nos Ghats Orientais de Tamil Nadu e delineámos uma estratégia de conservação para a avifauna no seu conjunto.

Este projeto foi apoiado financeiramente pelo Ministério do Ambiente, das Florestas e das Alterações Climáticas do Governo da Índia (F. No. 15-6/2011-WL-I). A Care Earth Trust e o Investigador Principal (Dr. R. J. Ranjit Daniels) agradecem o gentil apoio.

Reconhecemos com gratidão o apoio logístico prestado pelo Departamento Florestal de Tamil Nadu para a realização do estudo de campo. Agradecemos as autorizações de investigação gentilmente concedidas pelo Conservador-Chefe Principal das Florestas e Chefe do Grupo de Trabalho Florestal e pelo Conservador-Chefe Principal das Florestas e Diretor da Vida Selvagem (Ref. n.º WL5/42455/2012 dt 5.10.2013 e Ref. n.º WL5/42455/12 dt 5.9.2014). Agradece-se igualmente ao Conservador-Chefe das Florestas (WL) por ter acelerado o processo de obtenção de cartas de autorização.

Care Earth Trust e o Dr. R. J. Ranjit Daniels agradecem igualmente aos Conservadores dos respectivos Círculos Florestais. Agradecemos igualmente aos District Forest Officers das divisões florestais em causa pelo seu amável apoio. Por último, agradecemos a todos os Range Forest Officers e a outro pessoal florestal que disponibilizaram tempo para nos ajudar a efetuar o estudo de campo.

Agradecemos à Kenneth Anderson Nature Society pelo seu apoio e por partilhar connosco uma cópia do relatório sobre as aves de Melagiris.

O investigador principal (Dr. R. J. Ranjit Daniels) agradece também o apoio logístico prestado pelo Care Earth Trust na disponibilização de infra-estruturas, na gestão das finanças e na apresentação atempada dos certificados de utilização e dos relatórios de progresso.

Por último, o Investigador Principal agradece ao revisor anónimo os seus comentários/sugestões úteis para melhorar o relatório.

ÍNDICE DE CONTEÚDOS:

Resumo executivo

Os Ghats Orientais de Tamil Nadu não têm recebido a mesma atenção dos ornitólogos que as colinas de Andhra Pradesh ou Orissa ou os Ghats Ocidentais, mais contíguos. Embora sejam publicadas periodicamente análises e listas de aves de paisagens seleccionadas nos Ghats Orientais de Tamil Nadu, não existe até à data nenhum estudo ecológico exaustivo que abranja todo o segmento.

Em contrapartida, os Ghats Ocidentais de Tamil Nadu e os estados adjacentes de Karnataka e Kerala têm sido bem estudados no que respeita à sua avifauna e aos factores ecológicos que determinam a assembleia e a diversidade das espécies de aves. Nos últimos 20 anos, a investigação ecológica comunitária sobre as aves dos Ghats Ocidentais deu origem a várias publicações, pelo que os conservacionistas estão atualmente em condições de delinear estratégias a nível da paisagem para a conservação das aves e também de outras componentes da biodiversidade, tendo as aves como porta-estandarte.

Evidentemente, existe uma grande lacuna no conhecimento da ecologia das comunidades de aves florestais dos Ghats Orientais. É também digno de nota o facto de os Ghats Orientais de Tamil Nadu abrigarem florestas e comunidades de aves que são contíguas aos Ghats Ocidentais (exemplo: Sathyamangalam). O conhecimento científico dos factores que regem a distribuição e a diversidade das espécies na área de estudo proposta será, portanto, de grande valor para o planeamento da conservação.

O presente estudo foi realizado durante um período de 3 anos, entre maio de 2012 e abril de 2015. Foram incluídas todas as estações do ano, evitando os dias de chuva. O estudo abrangeu as colinas e florestas do norte de Tamil Nadu, abrangendo 9 distritos: Tiruchirapalli, Salem, Namakkal, Erode, Dharmapuri, Krishnagiri, Tiruvannamalai, Vellore e Viluppuram. Foi estudado um total de 181 transectos distribuídos por 47 zonas florestais.

O estudo incidiu principalmente nas florestas reservadas. Foram também estudados outros habitats associados às florestas, uma vez que, na maior parte da área de estudo, os habitats se apresentam como mosaicos. As aves foram observadas utilizando uma combinação de transectos e contagens pontuais durante a manhã, entre as 6h00 e as 12h00. As observações nocturnas foram efectuadas seletivamente ao longo dos mesmos transectos, especificamente para identificar aves crepusculares e nocturnas. Cada transecto tinha entre 3,5 e 4,0 km de comprimento. O número de transectos em cada área florestal variou em função da extensão da área e da heterogeneidade dos habitats. Da mesma forma, o número de transectos em cada distrito variou de acordo com o coberto florestal.

A riqueza de espécies é o número total de espécies observadas por transecto acumulado por habitat ou distrito em foco. A frequência de avistamentos foi considerada como uma medida de vulgaridade ou raridade na área de estudo. As observações de aves foram efectuadas em 134 pontos altitudinais que variaram entre 72m ASL e 1500m ASL. A maior parte dos pontos (61%) situava-se a altitudes iguais ou superiores a 500 m ASL. No entanto, o número de transectos a altitudes superiores a 1200 m foi menor.

No total, foram efectuadas 8455 observações de 271 espécies de aves. Destas, 40 espécies representaram mais de 62% de todas as observações. Estas podem ser consideradas como as espécies de aves mais comuns na área de estudo. O Bulbo-de-vento-vermelho encabeçou a lista com 429 observações, seguido do Bulbo-de-bico-vermelho (300). As outras aves mais frequentemente observadas são o bulbo-de-bico-branco, a lora-comum, o melro-de-papo-roxo, o pisco-de-peito-ruivo, a pomba-manchada, o pássaro-rabo-comum, o melro-roxo, o papa-moscas-vermelho e o periquito-de-anéis-rosados. Cada uma destas espécies foi observada não menos de 140 vezes durante o estudo. Ao mesmo tempo, 40 espécies, incluindo o Bulbul-de-cabeça-cinzenta, a águia-pesqueira-pequena, o chapim-de-nuca-branca e o periquito-da-rocha, foram observadas apenas uma vez durante todo o estudo. Estas são, presumivelmente, algumas das aves mais raras da área de estudo.

O distrito de Erode registou o maior número de espécies de aves (206). Segue-se Salem (180), Krishnagiri (174), Dharmapuri (165), Tiruvannamalai (135), Namakkal (117), Viluppuram (83), Tiruchirapally (66) e Vellore (54). Esta tendência sugere que os distritos mais próximos dos Ghats Ocidentais tendem a ter uma avifauna maior do que os outros distritos do norte de Tamil Nadu. Foi observada uma relação positiva entre o coberto florestal e a riqueza de espécies nos distritos.

Seis tipos principais de habitat foram cobertos em transectos. Estes são florestas densas, florestas abertas, vegetação ribeirinha, plantação, cultivo e matagal rochoso. Além disso, havia fragmentos de zonas húmidas (e reservatórios) na área de estudo. Dos principais habitats terrestres, as florestas densas são as que apresentam a maior riqueza de espécies de aves (152). Seguem-se as florestas abertas (141) e a vegetação ribeirinha (141). As culturas apresentaram uma riqueza de espécies de 100, enquanto as plantações e os matos rochosos registaram 82 e 54, respetivamente.

O facto de as florestas densas suportarem a maior riqueza de espécies de aves é uma observação interessante. Trata-se de um padrão diferente do registado nos Ghats Ocidentais. Sugere-se que as florestas densas servem de refúgios de habitat para as aves em paisagens mais secas e a observação pode ter implicações para a compreensão dos impactes das alterações climáticas nas aves.

Dezasseis espécies de aves foram tratadas como raras, endémicas e ameaçadas (RET). A raridade baseia-se na ocorrência conhecida da espécie no sul da Índia. As aves endémicas são as que se restringem ao sul da Índia, especialmente ao sudoeste da Índia. As aves ameaçadas são as que foram incluídas numa das quatro categorias de ameaça: criticamente em perigo, em perigo, vulnerável e quase ameaçada, tal como definidas pela IUCN.

Foi analisada a ocorrência das dezasseis espécies RET nos 9 distritos. Não foram observadas espécies de aves RET nos distritos de Tiruvannamalai, Tiruchirapalli e Vellore. Erode tem o número máximo de espécies RET (11). Dharmapuri, Krishnagiri, Salem e Namakkal registaram 3 espécies RET e Viluppuram apenas 1.

Com base nos resultados do estudo, conclui-se que é importante conservar as florestas nos Ghats Orientais de Tamil Nadu. Além disso, os distritos de Erode, Salem, Krishnagiri, Dharmapuri e Namakkal, no noroeste do país, são as principais zonas de aves dos Ghats Orientais de Tamil Nadu, uma vez que apresentam a maior riqueza de espécies e o maior número de espécies RET na vasta paisagem. O estudo propõe a declaração de zonas protegidas dedicadas às aves florestais.

CAPÍTULO 1

Introdução

O estudo ecológico das aves florestais na Índia registou grandes progressos nos últimos 30 anos e os resultados tiveram um impacto significativo na compreensão mundial dos factores que regem a distribuição e a diversidade da avifauna tropical. Contudo, os estudos centraram-se em grande medida nas aves de uma ou mais regiões, com maior incidência nos Ghats Ocidentais e nos Himalaias. Embora os primeiros estudos sobre as aves indianas abrangessem as principais regiões (províncias biogeográficas), os estudos ecológicos comunitários negligenciaram regiões/províncias importantes por razões que não são imediatamente evidentes. Uma das razões poderá ser o facto de os estudos ecológicos comunitários se centrarem mais nas aves das florestas tropicais e preferirem os habitats que albergavam uma maior riqueza de espécies. Consequentemente, os estudos pioneiros que começaram com as comunidades de aves nos Ghats ocidentais depressa passaram para as colinas do nordeste, passando ao lado dos Ghats orientais.

Os Ghats Orientais, embora não sejam topograficamente tão complexos como os Ghats Ocidentais, têm uma maior distribuição geo-climática. Os primeiros estudos ornitológicos centraram-se de facto nos Ghats Orientais; por exemplo, Whistler e Kinnear (1930-37), Ali (1933-34). Além disso, havia um interesse biogeográfico nos Ghats Orientais, uma vez que alguns ornitólogos eram da opinião de que estas colinas isoladas poderiam ter servido como "trampolins" pré-históricos para as aves dos Himalaias Orientais (e da Indochina) que chegaram aos Ghats Ocidentais (Ali & Ripley, 1983; Daniels, 1997). Mais uma vez, a atenção centrou-se nos Ghats Orientais de Andhra Pradesh, como sugerem Ali (1933-34), Whistler e Kinnear (1930-37) e Abdulali (1945 & 1953).

Os Ghats Orientais de Tamil Nadu não têm recebido a mesma atenção dos ornitólogos que as colinas de Andhra Pradesh ou Orissa. Embora existam revisões e listas de verificação de aves publicadas periodicamente sobre paisagens seleccionadas nos Ghats Orientais de Tamil Nadu (por exemplo, Daniels, 1998; Daniels e Ravi Kumar, 1997; Daniels e Saravanan, 1998; Anon, 2010; George Tom e Praveen, 2014), não existe até à data nenhum estudo ecológico exaustivo que abranja todo o segmento.

A avifauna dos Ghats Orientais de Tamil Nadu é importante por muitas razões. Muitas espécies de aves (e outros organismos) aqui encontradas são consideradas "relíquias do clima" (Ali e Ripley, 1983; Daniels, 1997; Daniels *et al,* 2005). Salim Ali chamou especificamente a atenção para certas espécies de aves localizadas, como o chapim-de-bico-branco *(Parus nuchalis)* em Sathyamangalam (Ali & Ripley, 1983). Há outras, como o Bulbul de garganta amarela *(Pycnonotus xantholaemus)* (Ali & Ripley, 1983), que ocorrem de forma irregular aqui e noutros locais do sul da Índia, onde é endémica. Outras espécies de distribuição curiosa são o periquito de asa azul ou de Malabar *(Psittacula columboides)* e o tagarela-ruivo *(Turdoides subrufus),* conhecidos de Kolli Hills (distrito de Namakkal), que são tratados como "endémicos" dos Ghats Ocidentais (Daniels, 1997; Daniels e Saravanan, 1998).

Depois, há aves como o Shama de coroa branca *(Copsychus malabaricus)* que são muito comuns nas colinas de Javadi (distritos de Vellore e Tiruvannamalai), atingindo tamanhos de população muito mais visíveis do que em habitats comparáveis nos Ghats Ocidentais (Care Earth, 2005). O tordo assobiador de Malabar *(Myophonus horsfieldii), o barbo* de bochechas brancas *(Megalaima viridis),* ambos muito comuns nos Ghats ocidentais e

5

escassos no exterior, e o bulbul de sobrancelhas amarelas *(Acritillas indica)*, endémico da Índia peninsular e do Sri Lanka, são localmente comuns nos Ghats orientais de Tamil Nadu (Daniels e Saravanan, 1998). O relato não confirmado do pombo-torcaz-roxo *(Columba punicea)*, com base num estudo de aves efectuado em 2009 em Sathyamangalam, suscitou mais interesse nos Ghats Orientais de Tamil Nadu (Chandrasekaran & Kumaraguru, sem data). Até à data, esta espécie (também conhecida como pombo-de-capuz-pálido) não tinha sido registada a sul de Vizagapatanam (Ali & Ripley, 1983; Grimmett *et al,* 1999).

Os estudos ao nível da paisagem revelaram uma riqueza notável de espécies de aves nos Ghats Orientais de Tamil Nadu. O estudo de 2009 de Sathyamangalam enumera pelo menos 200 espécies (Chandrasekaran & Kumaraguru, sem data). Localmente, nas colinas de Javadi (distrito de Tiruvannamalai), foram listadas 45 espécies de aves, incluindo o Shama de corcunda de Whiite, o Drongo de cauda de raquete *(Dicrurus paradiseus)* e a Águia-preta *(Ictinaetus malayensis),* depois de percorrerem um trilho natural com quatro quilómetros de comprimento (Care Earth, 2005). Sabe-se que os Melagiris, no distrito de Krishnagiri, têm 226 espécies de aves (George Tom e Praveen, 2014).

As listas de controlo disponíveis a nível da paisagem são incompletas, tendo em conta a vastidão da região e a escassez global de estudos ecológicos nos Ghats Orientais de Tamil Nadu. Neste contexto, existe uma enorme margem para um estudo sistemático da avifauna e para a definição de uma estratégia de conservação para a região, tendo as aves como "porta-estandarte".

CAPÍTULO 2

Revisão do trabalho efectuado

A ecologia das aves florestais ganhou a atenção dos ornitólogos indianos durante a década de 1970. Salim Ali e os seus muitos alunos da Sociedade de História Natural de Bombaim investigaram sobre drongos, barbets, sunbirds, tordos risonhos, etc., nos Ghats Ocidentais. Durante a década de 1980, o Departamento do Ambiente do Governo da Índia lançou um grande projeto sobre "Impactos humanos na diversidade biológica" nos Ghats Ocidentais. Este projeto, coordenado pelo Centro de Ciências Ecológicas (CES) do Instituto Indiano de Ciências e pelo Centro de Estudos Taxonómicos (Bangalore), abordou pela primeira vez questões relacionadas com a ecologia comunitária das aves florestais. Os esforços pioneiros do CES rapidamente resultaram numa série de resultados de investigação (por exemplo, Daniels, 1989) e de publicações, dando respostas a questões como: como é que a alteração da utilização dos solos afecta as aves em vastas paisagens (Daniels *et al*, 1990a)? Como é que a degradação dos habitats afecta a diversidade das espécies de aves (Daniels *et al*, 1991)? Como é que a riqueza de espécies de aves se relaciona com a diversidade de plantas lenhosas (Daniels *et al*, 1992)? Como é que as comunidades de aves são valorizadas para a elaboração de estratégias de conservação ao nível da paisagem (Daniels, *et al* 1991)? Que alterações são observadas nas comunidades de aves quando as florestas naturais são transformadas em plantações (Daniels, *et al* 1990b)?

Uma melhor compreensão dos vários impactos humanos nas florestas naturais e nas suas comunidades de aves abriu caminho à elaboração de estratégias de conservação ao nível da paisagem para os Ghats Ocidentais (Daniels, 1994 & 1996). As alterações do habitat ao nível da paisagem conduziram geralmente ao desbaste das florestas primárias e à invasão de espécies secundárias e pioneiras de plantas. Uma seleção cuidadosa e a integração das florestas secundárias, das plantações e das florestas naturais podem contribuir significativamente para a conservação das aves. Embora estas ideias tenham surgido inicialmente com base em estudos efectuados nos Ghats Ocidentais centrais, estudos mais recentes realizados numa área mais vasta reforçaram ainda mais os resultados (por exemplo, Anand *et al* 2008 & 2010; Raman, 2006; Raman & Sukumar, 2002; Raman & Mudappa, 2003; Ranganathan *et al*/2008).

Além disso, as informações de base sobre as aves dos Ghats Ocidentais e a sua reação às alterações do habitat e da altitude (por exemplo, Raman *et al*, 2005) contribuíram para a avaliação da conservação de todo o Ghats Ocidental (Pramod *etal* 1997 a & b; Das *et al*/2006).

É evidente que existe uma grande lacuna no conhecimento da ecologia das comunidades de aves florestais dos Ghats Orientais. É também de salientar que os Ghats Orientais de Tamil Nadu abrigam florestas e comunidades de aves que são contíguas aos Ghats Ocidentais (por exemplo, Sathyamangalam), pelo que o conhecimento científico dos factores que regem a distribuição e a diversidade das espécies na área de estudo proposta será de grande valor para o planeamento da conservação. Faltam dados exaustivos sobre a utilização do habitat e a estrutura da comunidade de aves nos Ghats Orientais, embora existam informações sobre a avifauna em certas zonas, como a Divisão Florestal de Hosur (Annon 2010) e Melagiris no distrito de Krishnagiri (George Tom e Praveen, 2014).

CAPÍTULO 3

Objectivos do estudo

O estudo centrou-se nos seguintes objectivos gerais

> Enumerar a riqueza de espécies de aves nos diferentes tipos de habitat na área de estudo

> Cartografar a distribuição das aves consideradas raras, endémicas e ameaçadas (RET)

> Identificar os habitats de maior valor de conservação, especialmente os que apresentam uma abundância/oportunidade de encontro relativamente mais elevada de aves RET

> Delinear uma estratégia de conservação das aves a nível da paisagem nos Ghats Orientais de TN

CAPÍTULO 4

Metodologia

A área de estudo são os Ghats Orientais de Tamil Nadu, nos distritos de Krishnagiri, Dharmapuri, Vellore, Salem, Erode, Namakkal, Tiruvannamalai, Viluppuram e Tiruchirapalli, distribuídos por 53.652 km^2 (Figura 1).

No entanto, como a maior parte das florestas desta vasta paisagem são Florestas de Reserva e estão sob o controlo do Departamento Florestal de Tamil Nadu, escolhemos os locais de estudo de acordo com os Círculos Florestais e em consulta com o Departamento Florestal (Figura 2).

Depois de solicitar as autorizações necessárias para trabalhar nas Florestas de Reserva, os Gabinetes Florestais Distritais foram contactados para orientação na seleção dos locais de inquérito. Com a ajuda dos District Forest Officers e Range Forest Officers em causa, foram seleccionados os locais de inquérito em 47 zonas florestais que abrangem 6 círculos florestais e os 9 distritos (ver lista no apêndice).

Os transectos foram distribuídos de acordo com o coberto florestal e a heterogeneidade do habitat nas zonas de distribuição (Fig. 3 e 4) e nos distritos. O número total de transectos assim trabalhados é de 181 (ver apêndice para mais pormenores).

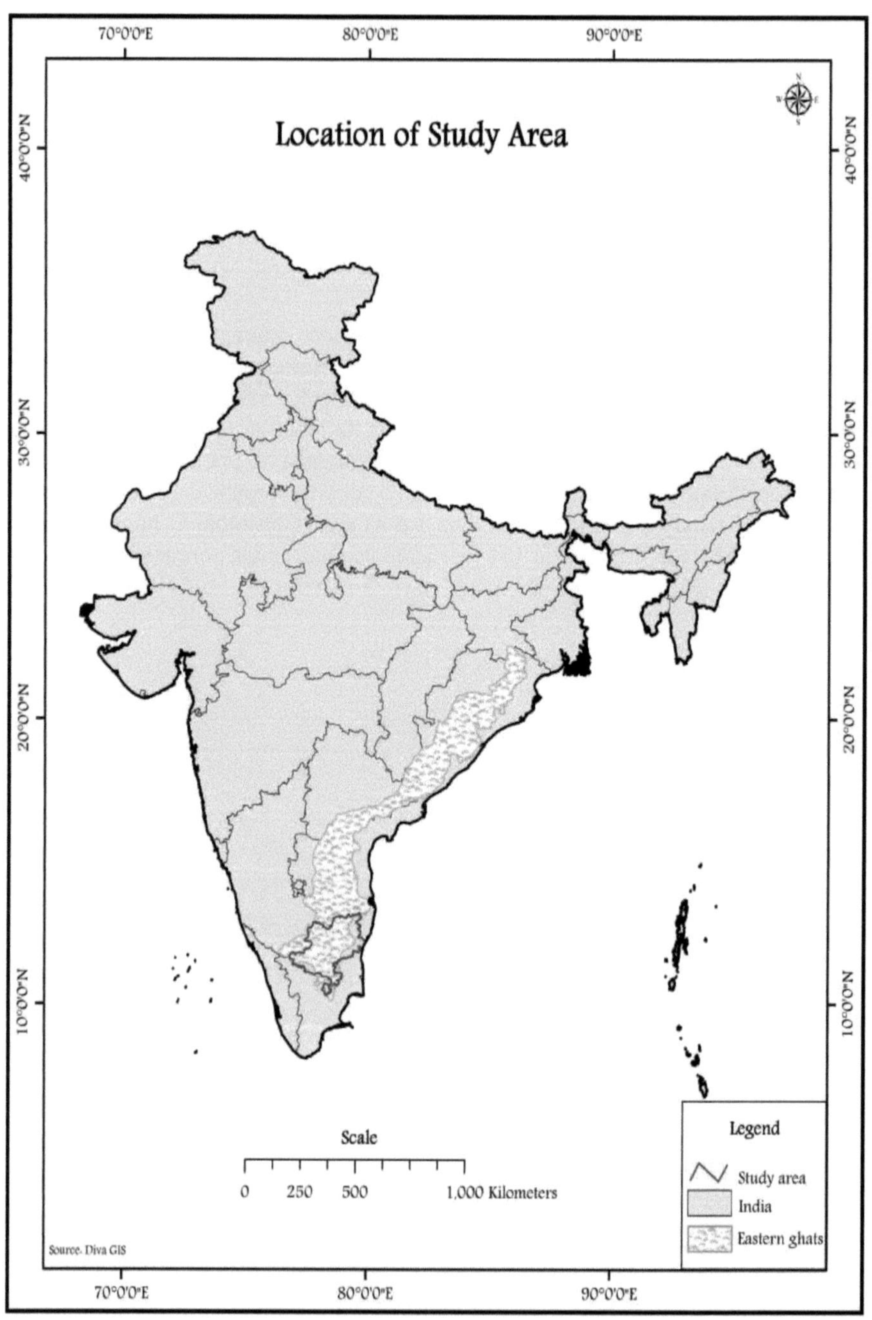

Figura 1: Localização da área de estudo

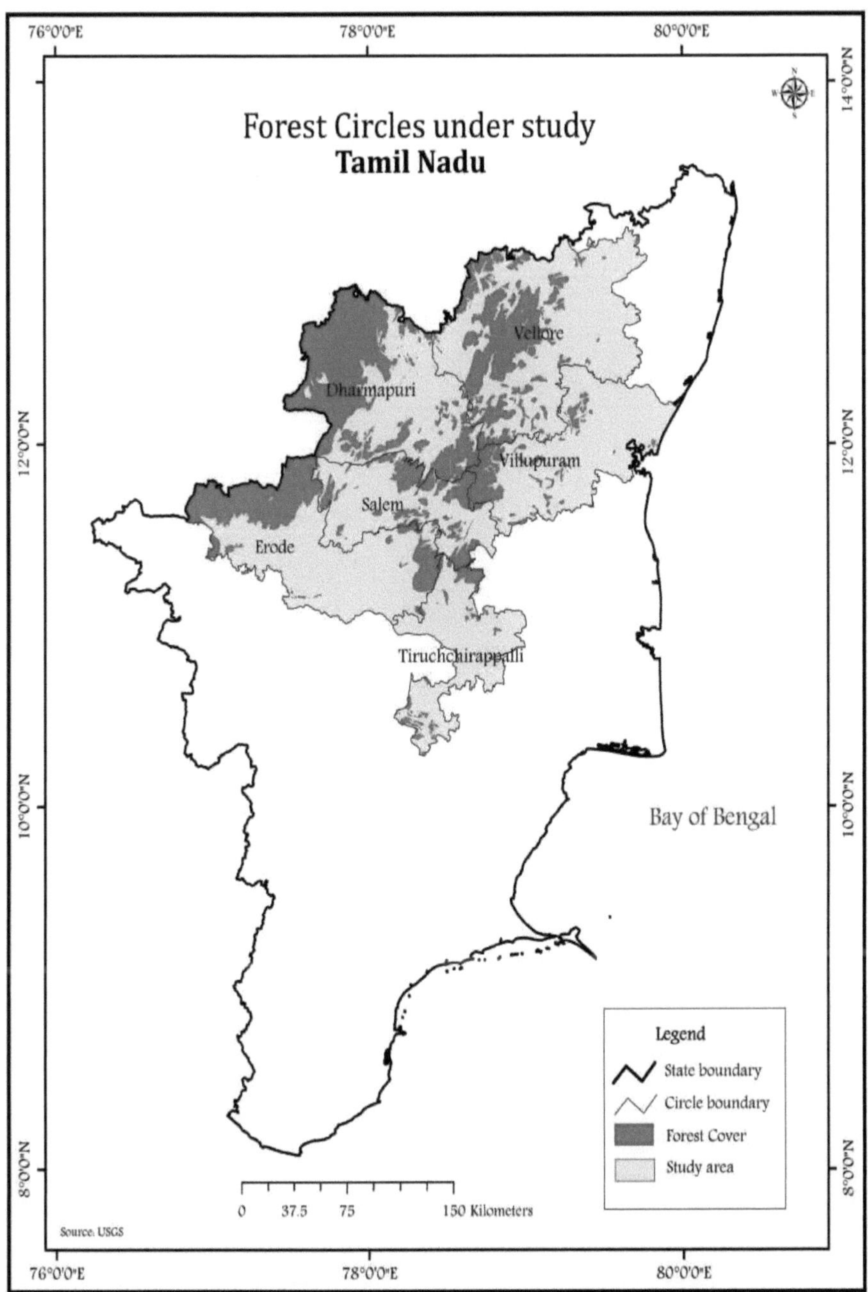

Figura 2: Mapa que mostra os círculos de estudo e o coberto florestal

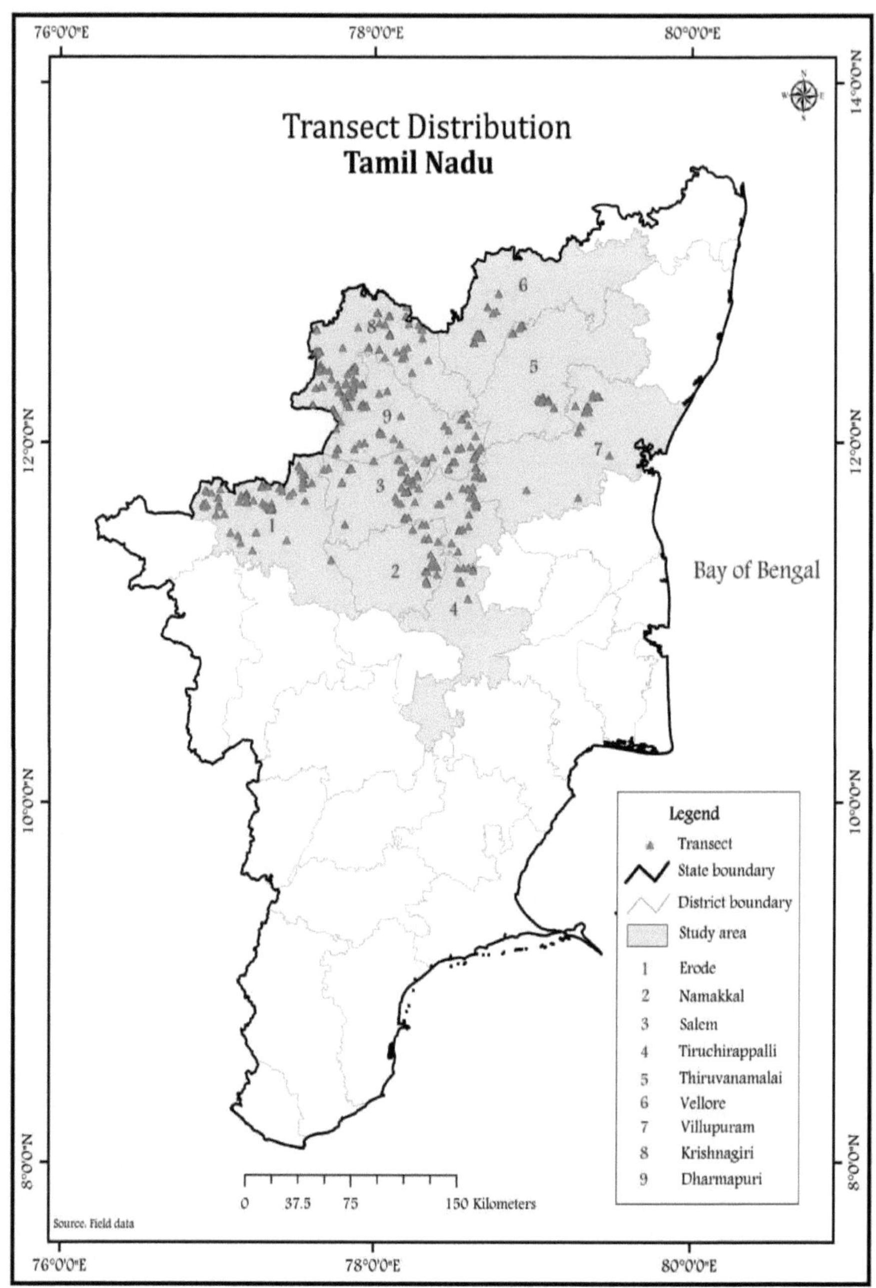

Figura 3: Distribuição dos transectos na área de estudo

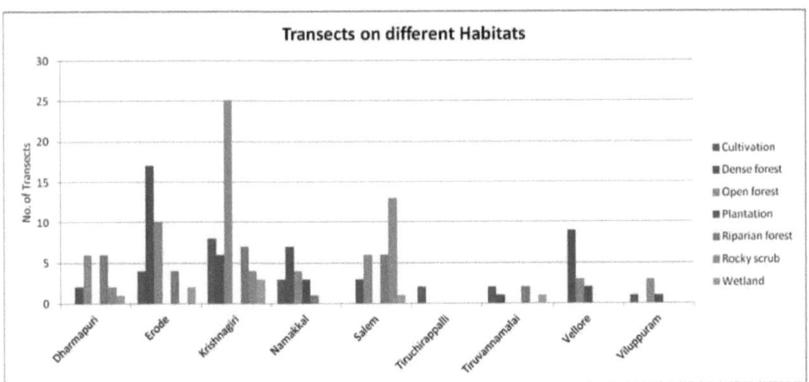

Figura 4: Distribuição dos transectos em diferentes tipos de habitat

O estudo de campo baseou-se em inquéritos devido a limitações práticas. A primeira e mais importante limitação surgiu sob a forma de atrasos na obtenção das autorizações formais do Departamento Florestal de Tamil Nadu. Embora o pedido de autorização de investigação tenha sido apresentado no início do projeto, as autorizações só foram concedidas quase um ano e meio depois. As autorizações para trabalhar em 3 distritos foram concedidas em outubro de 2013 (Ref.No.WL5/42455/2012 dt 5.10.2013). As autorizações para os outros 6 distritos foram concedidas em setembro de 2014 (Ref.No.WL5/42455/12 dt 5.9.2014). Isto levou a um atraso considerável no início do trabalho de campo na maioria dos distritos. Algumas épocas importantes também foram perdidas. No entanto, depois de interagir pessoalmente com os DFOs e Conservadores das Florestas locais e de lhes explicar a importância do projeto, foram-nos dadas autorizações discricionárias para realizar levantamentos de aves nas Florestas de Reserva identificadas pelo Departamento. Isto aconteceu frequentemente, pois alguns dos DFOs/Conservadores estavam pessoalmente interessados em efetuar levantamentos avifaunísticos locais em florestas que estavam sob a sua jurisdição. Aproveitando a hospitalidade do Departamento Florestal de Tamil Nadu, efectuámos levantamentos oportunistas em certos distritos. Uma vez que passámos mais de um ano no terreno a fazer levantamentos avifaunísticos, a metodologia que desenvolvemos para os levantamentos foi utilizada para o resto do estudo.

A perda de tempo devido ao atraso na obtenção das licenças levou-nos a optar por levantamentos avifaunísticos extensivos em vez de estudos intensivos e locais da comunidade de aves. Os levantamentos foram concebidos para maximizar o número de espécies observadas numa determinada localidade, no nosso caso a Faixa Florestal. As zonas florestais foram escolhidas como unidades de estudo por sugestão do Departamento Florestal de Tamil Nadu e também devido ao facto de ser a opção mais prática, tendo em conta a vasta área de mais de 50 000 km^2 que tinha de ser coberta durante o período de estudo.

Os inquéritos realizados no período entre maio de 2012 e fevereiro de 2015 utilizaram uma combinação de transectos e contagens de pontos após a identificação de uma mancha florestal na Faixa selecionada. Os transectos foram colocados ao longo de trilhos e caminhos pedestres existentes em cada Faixa Florestal. O comprimento de cada transecto variou de 3,5 a 4,0 km. Cada transecto foi percorrido lentamente por uma equipa de dois investigadores acompanhados por um Guarda Florestal, parando a cada 50 m para efetuar contagens de pontos (método adaptado de Daniels *et al,* 1992). Assim, o tempo necessário para cobrir um transecto foi de cerca de 6 horas, começando às 6h00 e terminando por volta do meio-dia. Num estudo sobre aves em Melagiris (distrito de Krishnagiri), realizado em 2014 pela KANS, pelo Departamento Florestal de Tamil Nadu e pela Rede de Conservação de Aves da Índia, a duração do transecto foi de 7h00 a 11h00 da manhã (George Tom e Praveen, 2014).

A duração prolongada foi necessária para abranger as aves que chegam tarde, como as rapinas, e, como durante as partes mais quentes do dia as aves se retiram para a copa das árvores, são facilmente observadas nas contagens pontuais. As aves observadas durante o estudo foram identificadas e registadas. Em transectos seleccionados, as observações foram repetidas após o anoitecer, a fim de registar as aves crepusculares e nocturnas. As aves esquivas foram localizadas utilizando técnicas de reprodução de chamadas. As observações foram efectuadas em todas as estações do ano, mas foram evitados os dias de chuva. O número total de espécies observadas em transectos acumulados em cada tipo de floresta e distrito foi considerado como a 'Riqueza de Espécies' para a unidade geográfica em foco (Daniels *et al,* 1991). Não foi feito qualquer esforço para normalizar o valor em função da área da floresta ou do distrito. No entanto, sendo o esforço (medido pelo tempo gasto nos transectos e pela distância percorrida nos transectos) mais ou menos igual, a riqueza de espécies obtida para os distritos e tipos de floresta é considerada representativa e comparável.

A abundância de espécies individuais não foi estimada. Em vez disso, a frequência de avistamento de uma espécie (encontro) é considerada como uma medida da sua abundância. Assim, o número de vezes que uma espécie foi encontrada nos transectos foi considerado como a sua frequência, sem fazer uma tentativa de contar o número real de aves observadas durante o estudo. Por outras palavras, independentemente do tamanho do bando, cada vez que uma espécie foi encontrada foi contada como uma observação.

Os Ghats Orientais de Tamil Nadu não dispõem de um mapa de vegetação pormenorizado como o que temos para os Ghats Ocidentais (por exemplo, a série de mapas de vegetação do Instituto Francês, Pondicherry). Os mapas disponíveis, elaborados pelo Departamento Florestal de Tamil Nadu, classificam a vegetação, em termos gerais, com base na densidade, como fechada, aberta, etc. Na ausência de mapas de vegetação baseados em séries para a zona de estudo, utilizámos a classificação geral como florestas densas, florestas abertas, matos, etc. Cada uma destas formas de vegetação foi tratada como um tipo de "habitat terrestre".

Foram estudados seis habitats terrestres principais (Quadro 1). Além disso, foram também incluídas zonas húmidas fragmentadas que estavam igualmente representadas na área de estudo. As aves que ocorreram nestes habitats aquáticos foram também registadas como representativas do mosaico de habitats. A altitude dos transectos variou entre 72m ASL e 1500m ASL. No entanto, 61% dos 134 pontos de altitude que foram objeto de levantamento situavam-se a altitudes iguais ou superiores a 500 m ASL (Tabela 2 & 3).

Os 181 transectos cobriram os nove distritos e os seis círculos florestais. Dos nove distritos da área de estudo, foram analisados mais transectos no distrito de Krishnagiri (54), seguido de Erode (37) e Salem (27). A cobertura florestal do distrito de Krishnagiri estende-se por 1482 km^2 e constitui 28,8% da área geográfica (Forest Survey of India, 2011). As florestas do distrito de Krishnagiri constituem a bacia hidrográfica de rios importantes como o Cauvery e o Chinnar. Por conseguinte, o estudo abrangeu todas as florestas das 8 zonas florestais do distrito. Erode e Salem têm um coberto florestal de 26,5% e 23%, respetivamente. O distrito de Tiruchirapalli tinha o menor coberto florestal, 9% da sua área geográfica total, pelo que este distrito foi estudado com apenas dois transectos (ver Fig. 3 e 4). No total, foram encontrados 6 tipos principais de habitats terrestres e zonas húmidas na área de estudo. O tipo de floresta aberta foi o mais encontrado em todos os seis círculos florestais (57 transectos), seguido do tipo de floresta densa e da floresta ripária, pelo que foram estudados 45 e 26 transectos, respetivamente. As plantações e os habitats de zonas húmidas são abrangidos por 6 e 8 transectos, respetivamente, uma vez que se encontram em menor número na área de estudo. O matagal rochoso só é encontrado em três distritos (Dharmapuri, Krishnagiri e Salem) e o número total de transectos estabelecidos neste habitat ascende a 19.

Foram estabelecidos 63 transectos na faixa altitudinal de 800 - 1200 m, enquanto apenas 8 transectos foram estabelecidos em altitudes superiores a 1200 m. As colinas de Kolli, no distrito de Namakkal, e Yercaud, no distrito de Salem, são os únicos locais em que existem colinas de maior altitude nos Ghats Orientais de Tamil Nadu.

Quadro 1: Habitats representados nos transectos

Habitat type	Description
Dense forests	Dry-moist deciduous forests; occasional patches of semi-evergreen forests
Open forests	Scrub, grass and scattered thorny trees
Riparian habitat	Vegetation along river and riverbeds
Plantations	Agro-forestry, Eucalyptus and other monoculture
Cultivation	Various forms of agriculture
Rocky scrub	Rocky hillocks with sparse vegetation
Wetlands	Low-lying water-logged areas including inundation and margins of reservoirs

Florestas densas

Plantações

Vegetação ripária

Floresta aberta

Tabela 2: Distribuição dos transectos por altitude e Divisões Florestais

Altitude m ASL	No. of Transects	Forest Divisions covered
Below 400	50	12
400 - 800	60	11
800 - 1200	63	8
Above 1200	8	2

Quadro 3: Distribuição dos transectos por tipo de habitat e altitude

Habitat	Below 400 m	400 – 800 m	800 – 1200 m	Above 1200 m
Open Forest	15	21	19	2
Plantation	1	0	3	2
Cultivation	4	6	10	0
Wetland	4	4	0	0
Riparian	9	9	8	0
Dense Forest	9	9	23	4
Rocky Scrub	8	11	0	0

Os 181 transectos abrangeram os nove distritos e seis círculos florestais. Dos nove distritos da área de estudo, foram analisados mais transectos no distrito de Krishnagiri (54), seguido de Erode (37) e Salem (27). A cobertura florestal do distrito de Krishnagiri estende-se por 1482 km² e constitui 28,8% da área geográfica (Forest Survey of India, 2011). As florestas do distrito de Krishnagiri constituem a bacia hidrográfica de rios importantes como o Cauvery e o Chinnar.

Por conseguinte, o estudo abrangeu todas as florestas das 8 zonas florestais do distrito. Erode e Salem têm um coberto florestal de 26,5% e 23%, respetivamente. O distrito de Tiruchirapalli tinha o menor coberto florestal, 9% da sua área geográfica total, pelo que este distrito foi estudado com apenas dois transectos (ver Fig. 3 e 4).

No total, foram encontrados 6 tipos principais de habitats terrestres e zonas húmidas na área de estudo. O tipo de floresta aberta foi o mais encontrado em todos os seis círculos florestais (57 transectos), seguido do tipo de floresta densa e da floresta ripária, pelo que foram estudados 45 e 26 transectos, respetivamente. As plantações e os habitats de zonas húmidas são abrangidos por 6 e 8 transectos, respetivamente, uma vez que se encontram em menor número na área de estudo. O matagal rochoso só é encontrado em três distritos (Dharnnapuri, Krishnagiri e Salem) e o número total de transectos estabelecidos neste habitat ascende a 19.

Foram estabelecidos 63 transectos na faixa altitudinal de 800 - 1200 m, enquanto apenas

8 transectos foram estabelecidos em altitudes superiores a 1200 m. As colinas de Kolli, no distrito de Namakkal, e Yercaud, no distrito de Salem, são os únicos locais em que existem colinas de maior altitude nos Ghats Orientais de Tamil Nadu.

CAPÍTULO 5

Resultados

Distribuição da avifauna e espécies comuns

Durante os 3 anos, foi efectuado um total de 8455 observações de aves nos 181 transectos. Estas observações incluíram 271 espécies de aves (ver lista completa no apêndice). Este número é muito mais elevado do que as 226 espécies registadas para os Melagiris, ricos em biodiversidade, no distrito de Krishnagiri, e do que as 212 espécies efetivamente observadas durante um estudo intensivo de aves realizado por várias equipas na paisagem de Melagiris em 2014 (George Tom e Praveen, 2014). Este valor é também muito superior às 200 espécies enumeradas por Chandrasekaran e Kumaraguru (sem data) para a Reserva de Tigres de Sathyamangalam.

Das 271 espécies, 40 espécies representaram mais de 62% de todas as observações. Para efeitos práticos, estas podem ser consideradas como as espécies de aves mais comuns na zona de estudo (ver Quadro 4). Estas são também as aves mais comuns na Índia e nos países vizinhos do subcontinente (Ali e Ripley, 1983).

O Bulbo-de-vento-vermelho encabeça a lista das aves comuns com 429 observações, seguido do Bulbo-de-bico-vermelho (300). Algumas das outras aves mais frequentemente observadas são o Bulbul de sobrancelhas brancas, a lora comum, o pássaro do sol de cor vermelha, o pisco indiano, a pomba manchada, o pássaro de cauda comum, o pássaro do sol roxo, a trepadeira ruiva e o periquito de anéis cor-de-rosa. Cada uma destas espécies foi observada não menos de 140 vezes durante o estudo. É interessante notar que, num estudo realizado em Melagiri, no distrito de Krishnagiri, a maioria destas espécies surgiram como aves "comuns" (George Tom e Praveen, 2014).

No extremo inferior, 40 espécies, incluindo o Bulbul-de-cabeça-cinzenta, a águia-pesqueira-pequena, o chapim-de-nuca-branca e o zangão-espigado, foram observadas apenas uma vez durante todo o estudo. Estas são, presumivelmente, as aves mais raras da área de estudo. Os 9 distritos mostraram que suportam um subconjunto variável das 271 espécies. O distrito de Erode registou o maior número de espécies de aves (206). Segue-se Salem (180), Krishnagiri (174), Dharmapuri (165), Tiruvannamalai (135), Namakkal (117), Viluppuram (83), Tiruchirapally (66) e Vellore (54). Esta tendência sugere que os distritos mais próximos dos Ghats Ocidentais tendem a ter uma avifauna maior do que os outros distritos do norte de Tamil Nadu.

O distrito de Erode, em particular, situa-se na zona de transição entre os Ghats Ocidentais e os Ghats Orientais. Muitas espécies de aves florestais que só se encontram nos Ghats Ocidentais no sul da Índia foram observadas no distrito de Erode.

Quadro 4: Quarenta espécies de aves mais frequentemente observadas

Bird	Observations
Red-vented Bulbul	429
Red-whiskered Bulbul	300
White-browed Bulbul	292
Common Iora	229
Purple-rumped Sunbird	200

Indian Robin	177
Spotted Dove	171
Common Tailorbird	169
Purple Sunbird	166
Rufous Treepie	154
Rose-ringed Parakeet	141
Yellow-billed Babbler	139
White-cheeked Barbet	137
Jungle Babbler	132
Blyth's Reed Warbler	129
Black Drongo	120
Coppersmith Barbet	120
Greater Coucal	118
Malabar Parakeet	118
Oriental Magpie Robin	118
Green Bee-eater	115
Common Myna	103
Puff-throated Babbler	101
White-throated Kingfisher	98
Grey Junglefowl	97
Asian Paradise Flycatcher	96
Laughing Dove	95
Blue-faced Malkoha	94
Ashy Prinia	90
Gold-fronted Leaf Bird	85
White-rumped Shama	82
Asian Palm Swift	79
Tickell's Blue Flycatcher	78
Red-rumped Swallow	76
Indian Jungle Crow	74
Pied Bushchat	74
Black-hooded Oriole	70
Asian Koel	69
Oriental White-eye	65
Lesser Goldenback	63

Riqueza de espécies de aves nos diferentes habitats
Seis tipos principais de habitats terrestres foram cobertos nos transectos (Quadro 1). Trata-se de florestas densas, florestas abertas, vegetação ribeirinha, plantações, culturas e matos rochosos. Além disso, havia fragmentos de zonas húmidas (e reservatórios) na área de estudo.
Entre os principais habitats terrestres, as florestas densas registam a maior riqueza de espécies de aves (152). Seguem-se as florestas abertas (141) e a vegetação ribeirinha (141). As culturas têm uma riqueza de espécies de 100, enquanto as plantações e os matos rochosos têm 82 e 54, respetivamente (ver pormenores no Anexo).
O facto de as florestas densas suportarem a maior riqueza de espécies de aves é uma observação interessante (Daniels *et al*, 2015). Trata-se de um padrão diferente do dos Ghats Ocidentais, em que, ao longo das zonas mais húmidas, as aves tendem a utilizar as florestas densas com menos frequência do que as florestas abertas e as plantações (Daniels *etal*, 1990b; Daniels *etal*, 1992; Ranganathan *etal*, 2008).
A área de estudo é muito mais seca do que os Ghats Ocidentais, com uma precipitação média anual de cerca de 1000 mm. Considera-se que as florestas densas servem de refúgio para aves em habitats mais secos e esta observação pode ter implicações para a compreensão dos impactos das alterações climáticas nas aves tropicais (Daniels, 2015).
Estudos sobre as comunidades de aves nos Ghats ocidentais mostraram que a riqueza local de espécies de aves está negativamente correlacionada com a estratificação da vegetação, o coberto vegetal e a riqueza de espécies vegetais (Daniels, 1989; Daniels *et al*, 1992). Consequentemente, as florestas densas e sempre-verdes suportam uma menor riqueza de espécies de aves quando comparadas com florestas abertas e, por vezes, até com plantações (Daniels, 1989). Como não existe um estudo comparativo das florestas densas dos Ghats ocidentais e dos Ghats orientais, não é fácil interpretar as observações anómalas. É possível que, nos Ghats Orientais de Tamil Nadu, que são mais secos do que os Ghats Ocidentais, as florestas densas não sejam tão densas como as dos Ghats Ocidentais. Por conseguinte, é possível que mais aves prefiram essas florestas. Este é um aspeto que pode ser objeto de estudos futuros.

Distribuição de espécies raras, endémicas e ameaçadas
As espécies raras, endémicas e ameaçadas (RET) atraem maior atenção no planeamento da conservação. Acredita-se geralmente que os animais desta categoria são mais susceptíveis de extinção. No presente estudo, a raridade é definida pela área geográfica da espécie no sul da Índia. As espécies com áreas de distribuição muito restritas ou que se encontram nas margens da sua distribuição são tratadas como raras. As espécies endémicas incluem as espécies de aves endémicas do sul e do sudoeste da Índia. As aves ameaçadas são as que constam de uma das muitas categorias previstas pela IUCN: criticamente em perigo, em perigo, vulnerável e quase ameaçada.
Tendo em conta o acima exposto, 16 espécies foram identificadas como espécies RET (Quadro 5). No entanto, as 16 espécies não estão amplamente distribuídas na área de estudo (Fig. 5). Estas espécies não foram observadas em 3 distritos, nomeadamente Vellore, Tiruchirapally e Tiruvannamalai. Ao mesmo tempo, foram observadas 11 espécies em Erode, o que faz desta a zona mais importante para as espécies RET.

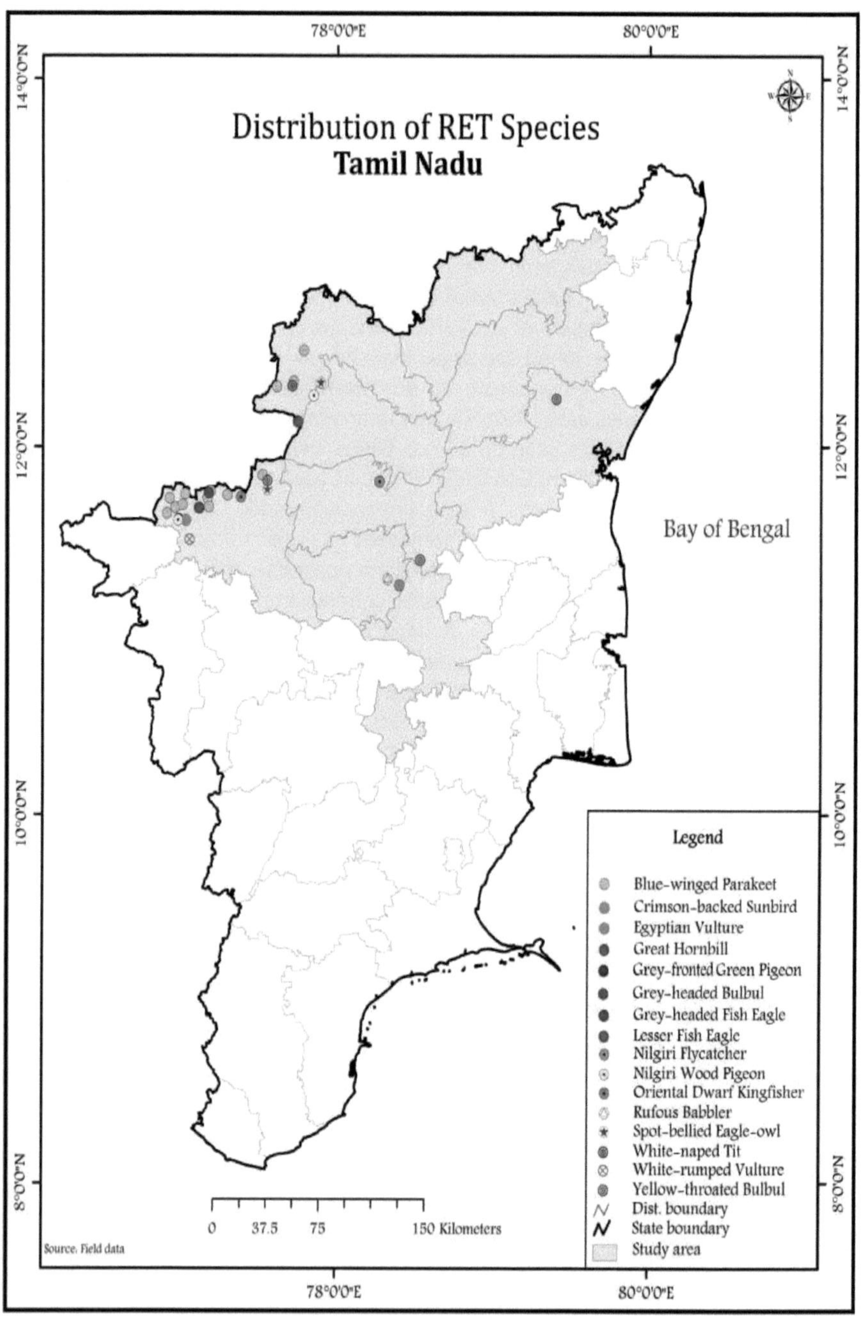

Figura 5: Distribuição das 16 espécies de RET na área de estudo

Tabela 5: Espécies RET e sua ocorrência nos 9 distritos

Species	Ve	Tiv	Tri	Dh	Kr	Er	Sa	Na	Vi
White-naped Tit					+				
White-rumped Vulture						+			
Nilgiri Wood Pigeon					+	+			
Grey-fronted Green Pigeon						+			
Yellow-throated Bulbul						+	+		+
Grey-headed Bulbul						+			
Great Hornbill						+			
Blue-winged Parakeet					+	+	+	+	
Crimson-backed Sunbird						+			
Rufous Babbler								+	
Oriental Dwarf Kingfisher						+			
Grey-headed Fish Eagle				+		+			
Lesser Fish Eagle				+					
Spot-bellied Eagle-Owl				+		+			
Egyptian Vulture								+	
Nilgiri Flycatcher							+		

Ve - Vellore; Tiv - Tiruvannamalai; Tri - Tirichirapalli; Dh - Dharmapuri;
Kr - Krishnagiri; Er - Erode; Sa - Salem; Na - Namakkal; Vi - Viluppuram

O periquito-de-asa-azul, que ocorre em 4 distritos, é uma das espécies RET mais difundidas. O periquito-de-asa-azul (também conhecido como periquito de Malabar) é geralmente considerado endémico dos Ghats Ocidentais. Fora dos Ghats Ocidentais, a área de distribuição mais oriental estende-se até às colinas de Kolli, no distrito de Namakkal (Daniels e Saravanan, 1998). A sua ocorrência em Salem, Krishnagiri e Erode constitui uma informação adicional.

O chapim-de-bico-branco foi registado como uma espécie rara no sul da Índia por Ali e Ripley (1983). De acordo com Ali e Ripley (1983), a espécie é endémica da Índia e tem uma distribuição geográfica irregular. É comum na sua área de distribuição noroeste, que abrange partes do Rajastão e de Gujarat. No entanto, é rara no sul da Índia, limitando-se a uma faixa estreita que vai de Nellore, em Andhra Pradesh, passando por Bangalore, até ao distrito de Erode, em Tamil Nadu. Em Tamil Nadu, esta espécie só é conhecida no distrito de Erode, na reserva de tigres de Sathyamangalam e nas suas imediações. No entanto, a observação do chapim-de-bico-branco no distrito de Krishnagiri durante o presente estudo é digna de nota.

O papa-moscas de Nilgiri é outra espécie de aves de grande altitude endémica dos Ghats

Ocidentais (Ali e Ripley, 1983). A sua ocorrência nas colinas de Yercaud (distrito de Salem) é um novo registo fora da sua área de distribuição conhecida.

Quatro espécies das 16 espécies RET são aves de rapina. Este facto é interessante, uma vez que, na área de estudo, nenhuma espécie de ave de rapina consta da lista das 40 espécies de aves comuns.

Embora exista um bom número de espécies de aves de rapina (35, incluindo 9 espécies de corujas), nenhuma espécie foi observada com tanta frequência que possa ser classificada como comum. Entre as aves de rapina, duas espécies são abutres, dos quais o abutre-de-cabeça-branca está "criticamente em perigo". Ambas as espécies de abutres foram observadas apenas uma vez durante todo o estudo.

Os Ghats Orientais de Tamil Nadu, com 35 espécies de aves de rapina, poderiam ser uma paisagem ideal para a observação e conservação de aves de rapina. Muitas espécies de aves de rapina estão em declínio por várias razões, sendo a principal delas os abutres, que quase foram exterminados no país devido à utilização generalizada e indiscriminada do medicamento veterinário Diclofenac.

O distrito de Erode é uma das mais importantes zonas de conservação de abutres do país. Possui alguns dos últimos locais de reprodução do abutre-de-cabeça-branca, em perigo crítico de extinção. Erode também se destaca por ter a maior percentagem de espécies RET (Fig. 5).

Embora isto se deva à contiguidade que partilha com os Ghats Ocidentais, é de salientar o facto de ser o único dos 9 distritos dos Ghats Orientais que possui um santuário de vida selvagem e uma reserva de tigres dentro dos seus limites geográficos. A WLS e a TR de Sathyamangalam, em Erode, devem também receber um elevado valor de conservação devido à sua riqueza em espécies de aves e à percentagem de espécies RET.

Habitats com maior valor de conservação

Foi demonstrado anteriormente que as florestas densas suportam a maior riqueza de espécies de aves. Evidentemente, as florestas densas devem ser consideradas como o habitat com maior valor de conservação pela sua riqueza de espécies (Daniels *et al*, 1991; Daniels, 2015). No entanto, se considerarmos as espécies RET, verifica-se que o distrito de Erode possui o maior número destas espécies. O distrito de Erode, juntamente com os distritos de Dharmapuri e Krishnagiri, alberga 14 das 16 espécies de aves RET (ver Quadro 5).

Será que as espécies RET também são mais frequentemente encontradas nas florestas densas? Um olhar sobre o Quadro 5 sugere que, à exceção das duas espécies de abutres e do Bulbul de garganta amarela, as outras 12 espécies estão associadas às florestas (Ali e Ripley, 1983). Assim, pode deduzir-se que as florestas densas não só são ricas em espécies como também são habitats da maioria das espécies RET.

Os habitats que complementam as florestas densas são as florestas abertas associadas e a vegetação ribeirinha.

No seu conjunto, o mosaico de habitats florestais revelou-se o mais valioso para a conservação das aves nos Ghats Orientais de Tamil Nadu. As florestas densas nos Ghats Orientais de Tamil Nadu podem servir como campos ideais para o estudo do impacto das alterações climáticas na biodiversidade (Daniels, 2015).

A análise da vegetação dos diferentes tipos de floresta nos Ghats Orientais de Tamil Nadu pode sugerir que as florestas densas podem ter uma composição muito distinta de espécies vegetais. Esta composição varia consoante a altitude e a precipitação. Por exemplo, as florestas de maior altitude no distrito de Erode são muito semelhantes às florestas húmidas dos Ghats Ocidentais.

Do mesmo modo, as colinas de Kolli, no distrito de Namakkal, têm densas florestas de altitude localmente designadas por "shola". Estas florestas são estruturalmente muito semelhantes às florestas dos Ghats Ocidentais e também partilham um certo número de espécies (Daniels *et al*, 2005). É necessária muito mais investigação para compreender as semelhanças ecológicas entre as florestas dos Ghats ocidentais e os Ghats orientais de Tamil Nadu.

Tal como já foi referido, as florestas densas, as florestas abertas e as florestas ribeirinhas têm a forma de um mosaico e cada uma delas pode complementar a outra na manutenção da rica avifauna dos Ghats Orientais de Tamil Nadu. Para além destes habitats, as zonas húmidas são talvez o habitat de maior valor de conservação. As zonas húmidas sustentam uma comunidade muito diferente de aves, muitas das quais são aves aquáticas obrigatórias.

Contudo, na zona de estudo, a maioria das zonas húmidas encontradas são as que se encontram na periferia das albufeiras. Estas não são tão ricas em biodiversidade como as zonas húmidas naturais das planícies.

No presente estudo, as florestas surgiram como o habitat com maior importância em termos de conservação. No entanto, dentro das florestas existem diferenças devido à altitude e à proximidade dos Ghats Ocidentais. As florestas acima de 1000 m de altitude e mais próximas dos Ghats Ocidentais são os habitats mais valiosos para a conservação das aves nos Ghats Orientais de Tamil Nadu. Fora do distrito de Erode, as colinas de Kolli no distrito de Namakkal serão outro habitat importante para as aves florestais (Daniels e Saravanan, 1998).

Uma estratégia de conservação ao nível da paisagem

Das *et al* (2006) delinearam uma estratégia de conservação a nível da paisagem para toda a região dos Ghats Ocidentais. Para o efeito, utilizaram muitos critérios, incluindo o endemismo.

Numa escala mais pequena, Daniels *et al* (1991) delinearam uma estratégia de conservação para o distrito de Uttara Kannada, em Karnataka. Este estudo centrou-se nas aves e na atribuição de valores de conservação às aves utilizando 4 atributos principais, nomeadamente a área geográfica, a escolha do habitat, a singularidade taxonómica e o grau de ameaça. A integração de vários habitats numa paisagem oferece oportunidades para fazer escolhas em matéria de conservação, como, por exemplo, escolher entre a riqueza de espécies, as espécies com elevado valor de conservação ou ambas (Daniels, 1989, 1994 e 1996).

A abordagem paisagística da conservação das aves é uma tarefa difícil. Centra-se na integração das diferentes manchas de habitat que se encontram numa paisagem específica, independentemente de os habitats serem naturais ou artificiais (Daniels, 1994 & 1996). Entre o habitat natural prístino e o criado pelo homem (por exemplo, monoculturas exóticas como o eucalipto) há uma série de outros habitats que variam em termos de estado, desde perturbados, degradados, modificados pelo homem e totalmente transformados (por exemplo, floresta em cultura).

A abordagem paisagística da conservação começa por identificar os habitats com maior valor de conservação. O valor de conservação pode ser atribuído pelo número de espécies observadas (riqueza de espécies) e pelo número de espécies RET encontradas num determinado tipo de habitat (Daniels *et al*, 1991). Foi observado nos Ghats Ocidentais que os habitats com elevada riqueza de espécies tendem a sustentar um maior número de espécies RET (Daniels *etal*, 1991; Das *etal*, 2006). Este parece ser também o caso nos Ghats Orientais de Tamil Nadu.

Uma vez identificado o habitat com maior valor de conservação, a abordagem passa a avaliar a semelhança das aves entre este e outros tipos de habitat. A ideia é criar um conjunto de espécies integrando a comunidade do habitat mais rico em espécies com a comunidade que possui o conjunto de espécies mais distinto. Para ilustrar esta ideia, podemos considerar o agrupamento de espécies de uma comunidade florestal rica em espécies com a de uma comunidade de zonas húmidas.

Uma vez que as duas comunidades são bastante distintas no seu conjunto de espécies, o número cumulativo de espécies aumentará drasticamente. De facto, esta combinação pode mesmo abranger a fração mais significativa da avifauna da paisagem. Com esta abordagem, os vários habitats da paisagem são considerados prioritários para a conservação.

Após a definição das prioridades de conservação, a paisagem é avaliada quanto à conetividade dos habitats. Nos Ghats Ocidentais, verificou-se que as plantações desempenhavam um papel importante na melhoria da conetividade entre manchas de habitats florestais (Daniels *et al*, 1990b; Daniels *et al*, 1991). A ecologia da paisagem trata assim da gestão de manchas de diferentes habitats através de uma melhor conetividade entre habitats (Daniels, 1996).

O presente estudo contém dados sobre a riqueza de espécies a nível distrital, a riqueza de espécies a nível do habitat e a distribuição das espécies RET. O presente estudo abrange uma vasta área no norte de Tamil Nadu, distribuída por 9 distritos. A área geográfica total é superior a 50 000 km² . O estudo centrou-se nas florestas e nas aves. A cobertura florestal varia de 9,02% no distrito de Tiruchirapally a 28,8% no distrito de Krishnagiri. Os distritos com mais de 20% de coberto florestal são Dharmapuri, Erode, Salem, Tiruvannammalai, Vellore e Krishnagiri (Quadro 6).

Tabela 6: Coberto florestal e riqueza de espécies de aves nos 9 distritos

District	Forest cover (%)	Bird species richness	RET species
Vellore	28.62	54	0
Krishnagiri	28.80	174	3
Erode	26.86	206	11
Salem	23.50	180	3
Dharmapuri	22.54	165	3
Tiruvannamalai	22.40	135	0
Namakkal	15.94	117	3
Viluppuram	14.03	83	1
Tiruchirapalli	9.02	66	0

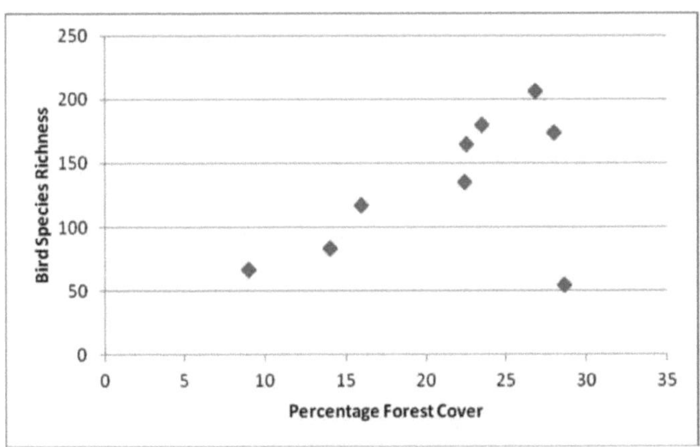

Figura 6: Relação entre o coberto florestal e a riqueza de espécies de aves nos 9 distritos

O distrito de Vellore apresenta uma riqueza de espécies de aves surpreendentemente baixa, apesar de ter o coberto florestal mais elevado (Quadro 6). Para além desta anomalia, a Figura 6 sugere que existe uma relação positiva entre o coberto florestal e a riqueza de espécies de aves. A presença de espécies RET nos 9 distritos é menos previsível se a cobertura florestal for tratada como o fator subjacente. Em vez disso, o número de espécies de aves do RET em qualquer um dos 9 distritos parece ser afetado pela proximidade do distrito aos Ghats Ocidentais (Fig. 5). Assim, Erode, que constitui uma transição entre os Ghats Ocidentais e os Ghats Orientais, regista um máximo de 11 espécies de aves RET (ver Figura 5).

Dada a relação positiva entre a cobertura florestal e a riqueza de espécies de aves e o facto de as florestas densas apresentarem a maior riqueza de espécies de aves, as estratégias de conservação devem centrar-se nas florestas como o habitat "central" com o maior valor de conservação nos Ghats Orientais de Tamil Nadu (Daniels *et al,* 2015; Daniels, 2015). Quando se tem em consideração a presença de espécies RET, a proximidade dos Ghats Ocidentais surge como um atributo importante.

As florestas são de 3 tipos principais: florestas densas, florestas abertas e florestas ribeirinhas. Estas florestas podem representar várias fases de sucessão de florestas de folha caduca. No entanto, localmente, as variações de altitude, pluviosidade e temperatura criaram pequenas manchas de florestas húmidas e semi-verdes, como em Salem (Yercaud), Erode (adjacente aos Ghats Ocidentais), Namakkal (Kolli Hills) e Krishnagiri (Melagiris). Por conseguinte, é adequado considerar as florestas dos Ghats Orientais de Tamil Nadu como "mosaicos".

O estado de Tamil Nadu alberga pelo menos 535 espécies de aves (Daniels, não publicado). Destas, 348 espécies são conhecidas no distrito de Nilgiris (Daniels, no prelo). As 271 espécies observadas durante o estudo nos Ghats Orientais representam mais de 50% da avifauna total do Estado. Este número é consideravelmente superior aos 226 registados no proposto Santuário de Vida Selvagem de North Cauvery, no distrito de Krishnagiri (George Tom e Praveen, 2014).

A conservação de uma avifauna rica só é possível através de uma gestão adequada dos habitats. No caso dos Ghats Orientais, a proximidade com os Ghats Ocidentais e a cobertura florestal nos distritos surgiram como os dois atributos mais importantes para uma maior riqueza de espécies de aves. O planeamento da conservação ao nível da paisagem deve começar por medidas destinadas a integrar as florestas existentes, incluindo todas as fases de degradação (Daniels, 1989, 1994 e 1996).

Infelizmente, porém, há pouca consciência do valor de conservação das aves nos Ghats Orientais de Tamil Nadu. Embora no passado tenham sido envidados alguns esforços para realçar o valor de conservação das aves em certas partes dos Ghats Orientais de Tamil Nadu (por exemplo, Daniels e Saravana, 1998), os inquéritos sistemáticos para delinear estratégias de conservação para uma localidade começaram muito recentemente (por exemplo, George Tom e Praveen, 2014). Os esforços liderados por George Tom e Praveen (2014) para estudar os Melagiris no distrito de Krishnagiri com uma grande equipa de observadores de aves apoiados pelo Departamento Florestal de Tamil Nadu são provavelmente o único estudo ornitológico deste tipo para qualquer parte dos Ghats Orientais de Tamil Nadu. O presente estudo abrangeu uma área muito maior e durante um período de tempo mais longo, pelo que constitui o primeiro levantamento exaustivo das aves dos Ghats Orientais de Tamil Nadu.

As 271 espécies de aves registadas para a região durante o presente estudo evidenciaram alguns aspectos interessantes sobre a avifauna. Algumas das aves habitualmente observadas nesta região, como o Shama de coroa branca, não são facilmente observadas fora dos Ghats Ocidentais. O Shama é particularmente comum nas florestas do distrito de Tiruvannamalai e na cordilheira de Jamnamarathur é muito comum. Outras aves raras e endémicas da Índia, como o Bulbul de garganta amarela e o Chapim de cabeça branca, encontram-se na área de estudo.

O facto de existirem 35 espécies de aves de rapina, incluindo o abutre-de-cabeça-branca, criticamente ameaçado, reforça a importância da conservação de toda a paisagem. Uma vez que a área é vasta, não existem soluções simples para o desafio da conservação. Em primeiro lugar, é de notar que, dos 9 distritos abrangidos, apenas Erode possui um santuário de vida selvagem (e uma reserva de tigres). A Reserva de Tigres de Sathyamangalam, em Erode, alberga cerca de 200 abutres de bico branco.

É animador saber que o Departamento Florestal de Tamil Nadu está a considerar a criação do Santuário de Vida Selvagem de North Cauvery, que abrange os Melagiris no distrito de Krishnagiri (George Tom e Praveen, 2014). Estes dois distritos são adjacentes um ao outro, deixando de fora os outros 7 distritos e algumas das áreas significativas de conservação de aves, como a de Kolli Hills (distrito de Namakkal).

O Departamento Florestal de Tamil Nadu deveria considerar a possibilidade de criar zonas protegidas dedicadas às aves florestais. Como não existem zonas protegidas nos outros 8 distritos, as florestas de Krishnagiri, Dharmapuri, Salem e Namakkal têm potencial para se tornarem zonas importantes para as aves da região. Como já foi referido, Krishnagiri poderá em breve ter uma zona protegida, o North Cauvery Wildlife Sanctuary (George Tom e Praveen, 2014). E quanto aos outros distritos?

Tamil Nadu tem três reservas da biosfera, nomeadamente a Reserva da Biosfera de Nilgiri, a Reserva da Biosfera do Golfo de Mannar e a Reserva da Biosfera de Agasthiamalai. Tamil Nadu também possui uma rede de 5 parques nacionais, 14 santuários de vida selvagem, 15 santuários de aves e 1 reserva de conservação. Os 15 santuários de aves e uma reserva de conservação são dedicados à conservação das aves das zonas húmidas. Consequentemente, apesar da vasta rede de zonas protegidas no Estado, a conservação das aves florestais é apenas incidental. Mesmo as Áreas Importantes para as Aves identificadas no Estado são coincidentes com as Áreas Protegidas existentes.

Foram identificadas paisagens com potencial para serem declaradas "zonas protegidas para aves florestais" nos Ghats Orientais de Tamil Nadu. Algumas das zonas potenciais situam-se nos distritos de Salem, Namakkal, Dharmapuri e Krishnagiri. As florestas destes distritos apresentam-se sob a forma de mosaicos devido a vários tipos de perturbação humana e a variações naturais de altitude e precipitação. Integrar os mosaicos de habitats e geri-los melhorando a conetividade é a essência da abordagem paisagística da conservação das aves (Daniels 1994 & 1996). Dado que as aves são geralmente mais móveis do que outros vertebrados terrestres, é mais fácil criar redes de habitats para a sua conservação. A gestão das florestas disponíveis e a recuperação de mais áreas como florestas densas serão a chave para a conservação a longo prazo das aves nos Ghats Orientais de Tamil Nadu.

A criação de "áreas protegidas para aves florestais" num ou mais distritos dos Ghats Orientais será o novo desafio para o Departamento Florestal de Tamil Nadu. Nestas zonas protegidas, será possível desenvolver modelos de ecoturismo com a participação das comunidades tribais. Coincidentemente, os distritos mais ricos em espécies são também o lar de algumas das comunidades tribais mais atrasadas do Estado. Por exemplo, Namakkal é o lar dos Kolli Malayalis. As florestas de Namakkal, especialmente as colinas de Kolli, não só são ricas em aves, como também albergam algumas das espécies RET e outras aves das colinas. Como não há grandes mamíferos (vida selvagem convencional) nas florestas de Kolli Hills, pode ser ideal desenvolver a área como uma zona protegida de aves. A comunidade tribal local pode ser treinada para guiar os turistas. As colinas de Kolli atraem muitos turistas devido ao templo, às cascatas e às tradições de cura com plantas medicinais. Seria ideal aproveitar o turismo existente e introduzir a dimensão da observação de aves.

As cadeias de montanhas no distrito de Tiruvannamalai, na cordilheira de Jamnamarathur, são popularmente conhecidas como "Javadi Hills". As colinas de Javadi são habitadas por comunidades tribais. O grupo de empresas TVS, através da sua ONG Sundaram Services Trust (SST), tem trabalhado com as populações tribais das colinas de Javadi, formando-as em competências de subsistência. Uma das novas competências de subsistência que foi tentada pela SST no início da década de 2000 foi a formação de jovens da aldeia como guias de biodiversidade. O projeto foi confiado à Care Earth. A Care Earth formou alguns jovens como guias de biodiversidade e criou um trilho natural de 4 km nas colinas de Javadi, a que chamou "Trilho Natural de Vandir", sendo Vandil o nome local das borboletas. Este trilho continua a ser utilizado pela SST para orientar os seus hóspedes para a biodiversidade das colinas de Javadi.

Utilizando Kolli Hills e Javadi Hills como modelos, podem ser criados outros destinos de observação de aves nos distritos de Krishnagiri, Salem e Dharmapuri. As zonas potenciais para o turismo ornitológico nestes três distritos são Dhenkanikottai Range e Krishnagiri Range no distrito de Krishnagiri, Harur Range e Theerthamalai Range no distrito de Dharmapuri e Yercaud Range no distrito de Salem. Em todas estas áreas existem comunidades locais que vivem na floresta e que podem ser formadas como guias de aves, garantindo assim um meio de subsistência a estas pessoas pobres.

A observação de aves pode ser uma atração turística ao longo de todo o ano, pois há as aves nidificantes e os seus belos cantos durante o verão e a estação seca e as raras surpresas que os migrantes oferecem durante os meses de inverno. De facto, com exceção da curta estação das chuvas que se verifica nos Ghats Orientais de Tamil Nadu, o ano pode oferecer uma longa época de observação de aves ao observador interessado.

A proposta do Departamento Florestal de Tamil Nadu de declarar partes das colinas de Melagiri nos distritos de Krishnagiri e Dharmapuri como o "Santuário de Vida Selvagem do Norte de Cauvery" (George Tom e Praveen, 2014) suscitou muitas expectativas entre os observadores de aves. Quando isso acontecer, a área protegida será uma bênção para as aves florestais dos Ghats Orientais de Tamil Nadu - foram registadas 226 espécies nesta área. Além disso, o North Cauvery Wildlife Sanctuary será a primeira zona protegida nos Ghats Orientais de Tamil Nadu fora do distrito de Erode.

O Departamento Florestal de Tamil Nadu pode considerar seriamente a possibilidade de declarar como "Reservas de Conservação" as localidades ricas em aves identificadas nos distritos de Dharmapuri, Krishnagiri, Namakkal e Salem. Como já foi referido, um sistema de zonas protegidas deste tipo permitirá a participação das comunidades locais na promoção de um "turismo ornitológico" orientado para os meios de subsistência.

A conservação das aves florestais depende da existência de mosaicos de habitats, quer se trate dos Ghats ocidentais ou dos Ghats orientais. Existem propostas, mesmo nos círculos governamentais, para tratar as colinas de Tamil Nadu como uma unidade biogeográfica e desenvolver o ecossistema de forma sustentável. Dado que os programas patrocinados pelo governo central, chamados Hill Area Development Program (HADP) e Western Ghats Development Program (WGDP), foram formalmente retirados, o Estado de Tamil Nadu está a elaborar estratégias alternativas para desenvolver de forma sustentável as colinas do Estado.

Embora haja informações consideráveis sobre o valor de conservação da biodiversidade dos Ghats Ocidentais no Estado, o mesmo não é tão bem compreendido para os Ghats Orientais. O presente estudo é a primeira tentativa de colmatar esta lacuna.

O presente estudo é certamente o primeiro do género. O estudo abrangeu uma vasta área de mais de 50.000 km² num período de 3 anos. A área assim coberta corresponde a mais de 1/3rd da área total do Estado e, por conseguinte, a avifauna e os factores que influenciam a distribuição e a diversidade da mesma serão representativos de todo o Estado. Pode considerar-se que as principais zonas avifaunísticas do Estado são quatro: os Ghats ocidentais, os Ghats orientais, as zonas húmidas e as costas. Embora existam zonas protegidas que representam os Ghats Ocidentais, as zonas húmidas e as zonas costeiras do Estado, e algumas delas sejam dedicadas às aves, os Ghats Orientais são negligenciados. Isto deve-se principalmente ao facto de haver uma deficiência considerável no conhecimento da biodiversidade dos Ghats Orientais. Entre os vertebrados terrestres, as aves são a classe de organismos mais diversificada e acredita-se geralmente que as aves são bons indicadores da saúde dos ecossistemas.

As 271 espécies de aves observadas durante o presente estudo podem não ser a lista completa (como é sabido, as listas de aves são geralmente compiladas ao longo de muitos anos antes de poderem ser aceites como uma lista "completa"). No entanto, trouxe à luz vários aspectos novos sobre a avifauna de uma paisagem até agora inexplorada. A presença de 35 espécies de aves de rapina e 16 espécies de RET nesta avifauna é notável. Esperamos sinceramente que os resultados do presente estudo possam lançar luz sobre o significado avifaunístico dos Ghats Orientais de Tamil Nadu. E quando o Governo de Tamil Nadu decidir finalmente gerir as colinas de Tamil Nadu como uma unidade biogeográfica do Estado, a gestão do ecossistema utilizando as aves como indicadores será o ponto de partida. Por último, se há uma frase que resume a diversidade e a importância da conservação das aves dos Ghats Orientais de Tamil Nadu, pode dizer-se que "a paisagem dos Ghats Orientais, que representa cerca de 1/3rd da área total do Estado, alberga mais de ½ da sua avifauna".

CAPÍTULO 6

Referência

1. Abdulali, H (1945) Birds of the Vizagapatnam district (Aves do distrito de Vizagapatnam). *JBNHS 45:* 333-347

2. Abdulali, H (1953) More about the Vizagapatnam birds (Mais sobre as aves de Vizagapatnam). *JBNHS* 51: 746-747.

3. Ali, S (1933-34) The Hyderabad State Ornithological Survey' *JBNHS* Vol 36, 37: 5 partes

4. Ali, S e Ripley, S D (1983) *Handbook of the Birds of India and Pakistan* (edição compacta). Nova Deli, Oxford University Press.

5. Anand, M O, Krishnaswamy, J and Das, A (2008) Proximity to forests drives bird conservation value of coffee plantations: implications for certification. *Ecological Applications* 18(7): 1754-1763.

6. Anand, M O, Krishnaswamy, J, Kumar, A e Bali, A (2010) Sustaining biodiversity conservation in human-modified landscapes in the Western Ghats: remnant forests matter. *Biological Conservation* (no prelo)

7. Anon (2010) Vertebrate faunal diversity in Hosur forest division and its contiguous habitats in Dharmapuri forest division of Tamil Nadu, India. Um projeto de relatório de síntese apresentado ao Departamento Florestal de Tamil Nadu.

8. Care Earth (2005) *Exploring the Eastern Ghats: operationalizing a Nature Trail around Padai Veedu.* Relatório técnico apresentado ao Srinivasan Services Trust, Chennai.

9. Chandrasekaran, S e Kumaraguru, A (sem data) Monograph *on Salim Ali Memorial Bird Survey of Sathyamangala Forest Division.* Departamento Florestal de TN, Arulagam e Care Earth.

10. Daniels, R J R (1989) *A conservation strategy for the birds of the Uttara Kannada district.* Tese de doutoramento, Bangalore, Instituto Indiano de Ciência.

11. Daniels, R J R (1994) A landscape approach to conservation of birds, *J. Biosciences* 19: 503-509.

12. Daniels, R J R (1996) Landscape ecology and conservation of birds in the Western Ghats, South India *Ibis* 138: 64-69.

13. Daniels, R J R (1997) *A Field Guide to the Birds of Southwestern India,* Oxford University Press, New Delhi.

14. Daniels, R J R (2015) Tropical birds and climate change: lessons from the southern Eastern Ghats. *Current Science* 108 (11): 1982-1983.

15. Daniels, R J R (no prelo) Checklist of birds of the Nilgiris district of Tamil Nadu. *Newsletter for Birdwatchers.*

16. Daniels, R J R, Joshi, N V e Gadgil, M (1990a) Changes in the bird fauna of Uttara Kannada, India, in relation to changes in land use over the past century, *Biological Conservation* 52: 37-48.

17. Daniels, R J R, Hegde, M e Gadgil, M (1990b) Birds of the man-made ecosystems: the plantations, *Proceedings of the Indian Academy of Science (Ani. Sei.)* 99:79-89.

18. Daniels, R J R, Hegde, M, Joshi, N V e Gadgil, M (1991) Assigning conservation value: a case study from India, *Conservation Biology* 5:1-12.

19. Daniels, R J R, Joshi, N V e Gadgil, M (1992) On the relationship between bird species richness and woody plant species diversity in Uttara Kannada district of South India, *Proceedings of the National Academy of Sciences* (USA) 89:5311-5315.

20. Daniels, R.J.R. e Ravikumar, M.V. (1997) Birds of Erimalai, /VLBI/I/Vol.37, No.5:80-82.
21. Daniels, R.J.R. (1998) South India: Bird Conundrum, *Survey of the Environment* '98:75-78.
22. Daniels, R.J.R. e Saravanan, S. (1998) Kolli Hills: A Little Known Endemic Bird Area in Southern India, /VLBWVol. 38:No.3, 49-51.
23. Daniels, R J R, Vencatesan, J e Ramachandran, V S (2005) Fragile Ecosystems and the Eastern Ghats. *Boletim Informativo EPTRI-ENVIS* 11(2): 5-8.
24. Daniels, R J R, David, J P e Vinoth, B (2015) Forests as refuges for birds in the Eastern Ghats of Tamil Nadu. *Ciência Atual* 108 (9): 1579.
25. Das, A, Krishnaswamy, J, Bawa, K S, Kiran, M C, Srinivas, V, Samba Kumar, V e Karanth, U (2006) Prioritization of conservation areas in the Western Ghats, India. *Biological Conservation* 133: 16-31.
26. George Tom e Praveen, J (2014) Diversidade de aves de Melagiris. Sociedade da Natureza Kenneth Anderson.
27. Grimmett, R, Inskipp, C e Inskipp, T (1999) *Pocket Guide to the Birds of the Indian Subcontinent.* Oxford University Press, Nova Deli.
28. Pramod, P, Daniels, R J R, Joshi, N V e Gadgil, M (1997a) Evaluating bird communities of the Western Ghats to plan for a biodiversity friendly development. *Current Science* 73(2): 156-162.
29. Pramod, P, Joshi, N V, Ghate, U e Gadgil, M (1997b) On the hospitality of Western Ghats habitats for bird communities. *Current Science* 73(2): 122- 127.
30. Raman, T R S (2003) Assessment of census techniques for inter-specific comparisons of tropical rainforest bird densities: a field evaluation in the Western Ghats, India. *Ibis* 145: 9-21.
31. Raman, T R S (2006) Effects of habitat structure and adjacent habitats on birds in tropical rainforest fragments and shaded plantations in the Western Ghats, India. *Biodiversity and Conservation* 15: 1577-1607.
32. Raman, T R S e Sukumar, R (2002) Responses of tropical rainforest birds to abandoned plantations, edges and logged forests in the Western Ghats, India. *Animal Conservation* 5: 201-216.
33. Raman, T R S, Joshi, N V e Sukumar, R (2005) Tropical rainforest bird community structure in relation to altitude, tress species composition and null models in the Western Ghats. *Journal of the Bombay Natural History Society* 102(2): 1-10.
34. Raman, T R S and Mudappa, D (2003) Correlates of hornbill distribution and abundance in rainforest fragments of southern Western Ghats, India. *Bird Conservation International* 13: 199-212.
35. Ranganathan, J, Daniels, R J R, Subash Chandran, M D, Ehrlich, P R e Daily, G C (2008) Sustaining biodiversity in ancient tropical countryside. *Actas da Academia Nacional de Ciências* (EUA) 105 (10): 1073- 1075.
36. Whistler, H e Kinnear, N B (1930-37) The Vernay Scientific survey of the Eastern Ghats, Ornithological Section. *JBNHS* Vols 34-39: 16 partes.

Apêndice
Lista completa das aves observadas durante o estudo

S. no	Common Name	Scientific Name
1	Grey Francolin	*Francolinus pondicerianus*
2	Jungle Bush Quail	*Perdicula asiatica*
3	Red Spurfowl	*Galloperdix spadicea*
4	Painted Spurfowl	*Galloperdix lunulata*
5	Grey Junglefowl	*Gallus sonneratii*
6	Indian Peafowl	*Pavo cristatus*
7	Indian Spot-billed Duck	*Anas poecilorhyncha*
8	Northern Pintail	*Anas acuta*
9	Eurasian Teal	*Anas crecca*
10	Little Grebe	*Tachybaptus ruficollis*
11	Painted Stork	*Mycteria leucocephala*
12	Asian Openbill	*Anastomus oscitans*
13	Woolly-necked Stork	*Ciconia episcopus*
14	Black-headed Ibis	*Threskiornis melanocephalus*
15	Red-naped Ibis	*Pseudibis papillosa*
16	Yellow Bittern	*Ixobrychus sinensis*
17	Cinnamon Bittern	*Ixobrychus cinnamomeus*
18	Black Bittern	*Dupetor flavicollis*
19	Malayan Night Heron	*Gorsachius melanolophus*
20	Black-crowned Night Heeron	*Nycticorax nycticorax*
21	Striated Heron	*Butorides striata*
22	Indian Pond Heron	*Ardeola grayii*
23	Eastern Cattle Egret	*Bubulcus coromandus*
24	Grey Heron	*Ardea cinerea*
25	Purple Heron	*Ardea purpurea*
26	Western Great Egret	*Ardea alba*
27	Intermediate Egret	*Egretta intermedia*
28	Little Egret	*Egretta garzetta*
29	Western Reef Heron	*Egretta gularis*

30	Little Cormorant	*Microcarbo niger*
31	Indian Cormorant	*Phalacrocorax fuscicollis*
32	Oriental Darter	*Anhinga melanogaster*
33	Western Osprey	*Pandion haliaetus*
34	Crested Honey Buzzard	*Pernis ptilorhynnchus*
35	Black-winged Kite	*Elanus caeruleus*
36	Black Kite	*Milvus migrans*
37	Brahminy Kite	*Haliastur Indus*
38	Lesser Fish Eagle	*Ichthyophaga humilis*
39	Grey-headed Fish Eagle	*Ichthyophaga ichthyaetus*
40	Egyptian Vulture	*Neophron percnopterus*
41	White-rumped Vulture	*Gyps bengalensis*
42	Short-toed Snake Eagle	*Circaetus gallicus*
43	Crested Serpent Eagle	*Spilornis cheela*
44	Western Marsh Harrier	*Circus aeruginosus*
45	Shikra	*Accipiter badius*
46	Besra	*Accipiter virgatus*
47	White-eyed Buzzard	*Butastur teesa*
48	Common Buzzard	*Buteo buteo*
49	Black Eagle	*Ictinaetus malayensis*
50	Tawny Eagle	*Aquila rapax*
51	Steppe Eagle	*Aquilla nipalensis*
52	Bonelli's Eagle	*Aquilla fasciata*
53	Booted Eagle	*Hieraaetus pennatus*
54	Rufous-bellied Hawk-Eagle	*Lophotriorchis kienerii*
55	Crested Hawk-Eagle	*Nisaetus cirrhatus*
56	Common Kestrel	*Falco tinnunculus*
57	Amur falocn	*Falco amurensis*
58	Peregrine Falcon	*Falco peregrines*
59	White-breasted Waterhen	*Amauromis phoenicurus*
60	Purple Swamphen	*Porphyrio porphyrio*
61	Common Moorhen	*Gallinula chloropus*

62	Eurasian Coot	*Fulica atra*
63	Barred Button Quail	*Turnix sylvaticus*
64	Black-winged Stilt	*Himantopus himantopus*
65	Yellow-wattled lapwing	*Vanellus malabaricus*
66	Red-wattled Lapwing	*Vanellus indicus*
67	Common Ringed Plover	*Charadrius hiaticula*
68	Little Ringed Plover	*Charadrius dubius*
69	Pheasant-tailed Jacana	*Hydrophasianus chirurgus*
70	Jack Snipe	*Lymnocryptes minimus*
71	Marsh Sandpiper	*Tringa stagnatilis*
72	Green Sandpiper	*Tringa ochropus*
73	Wood Sandpiper	*Tringa glareola*
74	Common Sandpiper	*Actitis hypoleucos*
75	Small Pratincole	*Glareola lacteal*
76	River Tern	*Sterna aurantia*
77	Common Pigeon	*Columba livia*
78	Nilgiri Wood Pigeon	*Columba elphinstonii*
79	Oriental Turtle Dove	*Streptopelia orientalis*
80	Eurasian Collared Dove	*Streptopelia decaocto*
81	Spotted Dove	*Spilopelia chinensis*
82	Laughing Dove	*Spilopelia senegalensis*
83	Common Emerald Dove	*Chalcophaps indica*
84	Orange-breasted Green Pigeon	*Treon bicinctus*
85	Grey-fronted Green Pigeon	*Treron affinis*
86	Yellow-footed Green Pigeon	*Treron phoenicopterus*
87	Green Imperial Pigeon	*Ducula aenea*
88	Vernal Hanging Parrot	*Loriculus vernalis*
89	Rose-ringed Parakeet	*Psittacula krameri*
90	Plum-headed Parakeet	*Psittacula cyanocephala*
91	Blue-winged Parakeet	*Psittacula columboides*
92	Greater Coucal	*Centropus sinensis*
93	Sirkeer Malkoha	*Taccocua leschenaultia*

94	Blue-faced Malkoha	*Phaenicophaeus viridirostris*
95	Jacobin Cuckoo	*Clamator jacobinus*
96	Asian Koel	*Eudynamys scolopaceus*
97	Grey-bellied Cuckoo	*Cacomantis passerines*
98	Square-tailed Drongo-Cuckoo	*Surniculus lugubris*
99	Common Hawk-Cuckoo	*Hierococcyx varius*
100	Common Cuckoo	*Cuculus canorus*
101	Indian Scops Owl	*Otus bakkamoena*
102	Oriental Scops Owl	*Otus sunia*
103	Indian Eagle-Owl	*Bubo bengalensis*
104	Spot-bellied Eagle-Owl	*Bubo nipalenis*
105	Brown Fish Owl	*Ketupa zeylonensis*
106	Mottled Wood Owl	*Strix ocellata*
107	Jungle Owlet	*Glaucidium radiatum*
108	Spotted Owlet	*Athene brama*
109	Brown Hawk-Owl	*Ninox scutulata*
110	Jerdon's Nightjar	*Caprimulgus atripennis*
111	Indian Nightjar	*Caprimulgus asiaticus*
112	Savanna Nightjar	*Caprimulgus affinis*
113	Crested Tree Swift	*Hemiprocne coronate*
114	Indian Swiftlet	*Aerodramus unicolor*
115	Asian Palm Swift	*Cypsiurus balasiensis*
116	Alpine Swift	*Tachymarptis melba*
117	Little Swift	*Apus affinis*
118	Indian Roller	*Coracias benghalensis*
119	Stork-billed Kingfisher	*Pelargopsis capensis*
120	White-throated Kingfisher	*Halcyopn smyrnensis*
121	Common Kingfisher	*Alcedo atthis*
122	Oriental Dwarf Kingfisher	*Ceyx erithaca*
123	Pied Kingfisher	*Ceryle rudis*
124	Blue-bearded Bee-eater	*Nyctyornis athertoni*
125	Green Bee-eater	*Merops orientalis*

126	Blue-tailed Bee-eater	*Merops philippinus*
127	Chestnut-headed Bee-eater	*Merops leschenaultia*
128	European Bee-eater	*Merops apiaster*
129	Eurasian Hoopoe	*Upupa epops*
130	Indian Grey Hornbill	*Ocyceros birostris*
131	Great Hornbill	*Buceros bicornis*
132	Brown-headed Barbet	*Megalaima zeylanica*
133	White-cheeked Barbet	*Megalaima viridis*
134	Coppersmith Barbet	*Megalaima haemacephala*
135	Brown-capped Pygmy Woodpecker	*Dendrocopos nanus*
136	Yellow-crowned Woodpecker	*Dendrocopos mahrattensis*
137	Lesser Yellownape	*Picus chlorolophus*
138	Streak-throated Woodpecker	*Picus xanthopygaeus*
139	Common Goldenback	*Dinopium javenense*
140	Lesser Goldenback	*Dinopium benghalense*
141	Greater Goldenback	*Chrysocolaptes lucidus*
142	White-naped Woodpecker	*Chrysocolaptes festivus*
143	Rufous Woodpecker	*Micropternus brachyurus*
144	Indian Pitta	*Pitta brachyuran*
145	Bar-winged Flycatcher-shrike	*Hemipus picatus*
146	Common Woodshrike	*Tephrodornis pondicerianus*
147	Ashy Woodswallow	*Artamus fuscus*
148	Common Iora	*Aegithina tiphia*
149	Large Cuckooshrike	*Coracina macei*
150	Black-headed Cuckooshrike	*Coracina melanoptera*
151	Small Minivet	*Pericrocrotus cinnamomeus*
152	Orange Minivet	*Pericrocrotus flammeus*
153	Brown Shrike	*Lanius cristatus*
154	Isabelline Shrike	*Lanius isabellinus*
155	Bay-backed Shrike	*Lanius vittatus*
156	Long-tailed Shrike	*Lanius schach*

157	Indian Golden Oriole	*Oriolus kundoo*
158	Black-naped Oriole	*Oriolus chinensis*
159	Black-hooded Oriole	*Oriolus xanthornus*
160	Black Drongo	*Dicrurus macrocercus*
161	Ashy Drongo	*Dicrurus leucophaeus*
162	White-bellied Drongo	*Dicrurus caerulescens*
163	Bronzed Drongo	*Dicrurus aeneus*
164	Hair-crested Drongo	*Dicrurus hottentottus*
165	Greater Racket-tailed Drongo	*Dicrurus paradiseus*
166	White-throated Fantail	*Rhipidura albicollis*
167	White-browed Fantail	*Rhipidura aureola*
168	Black-naped Monarch	*Hypothymis azurea*
169	Asian Paradise Flycatcher	*Terpsiphone paradise*
170	Rufous Treepie	*Dendrocitta vagabunda*
171	House Crow	*Corvus splendens*
172	Indian Jungle Crow	*Corvus culminates*
173	Cinereous Tit	*Parus cinereus*
174	White-naped Tit	*Parus nuchalis*
175	Jerdon's Bush Lark	*Mirafra affinis*
176	Indian Bush Lark	*Mirafra erythroptera*
177	Sykes's Lark	*Galerida deva*
178	Oriental Skylark	*Alauda gulgula*
179	Ashy-crowned Sparrow-Lark	*Erymopterix griseus*
180	Grey-headed Bulbul	*Pycnonotus priocephalus*
181	Red-whiskered Bulbul	*Pycnonotus jocosus*
182	Red-vented Bulbul	*Pycnonotus cafer*
183	Yellow-throated Bulbul	*Pycnonotus xantholaemus*
184	White-browed Bulbul	*Pycnonotus luteolus*
185	Yellow-browed Bulbul	*Acritillas indica*
186	Square-tailed Bulbul	*Hypsipetes ganeesa*
187	Barn Swallow	*Hirundo rustica*
188	Wire-tailed Swallow	*Hirundo smithii*

189	Dusky Crag Martin	*Ptyonoprogne concolor*
190	Red-rumped Swallow	*Cecropis daurica*
191	Tickell's Leaf Warbler	*Phylloscopus affinis*
192	Greenish Warbler	*Phylloscopus trochiloides*
193	Large-billed Leaf Warbler	*Phylloscopus magnirostris*
194	Clamorous Reed Warbler	*Acrocephalus stentoreus*
195	Paddyfield Warbler	*Acrocephalus Agricola*
196	Blyth's Reed Warbler	*Acrocephalus dumetorum*
197	Booted Warbler	*Iduna caligata*
198	Zitting Cisticola	*Cisticola juncidis*
199	Grey-breasted Prinia	*Prinia hodgsonii*
200	Jungle Prinia	*Prinia sylvatica*
201	Ashy Prinia	*Prinia socialis*
202	Plain Prinia	*Prinia inornata*
203	Common Tailorbird	*Orthotomus sutorius*
204	Indian Scimitar Babbbler	*Pomatorhinus horsfieldii*
205	Tawny-bellied Babbler	*Dumetia hyperythra*
206	Brown-cheeked Fulvetta	*Alcippe poioicephala*
207	Puff-throated Babbler	*Pellorneum ruficeps*
208	Common Babbler	*Turdoides caudatus*
209	Large Grey Babbler	*Turdoides malcomi*
210	Rufous Babbler	*Turdoides subrufa*
211	Jungle Babbler	*Turdoides striata*
212	Yellow-billed Babbler	*Turdoides affinis*
213	Lesser Whitethroat	*Sylvia curruca*
214	Yellow-eyed Babbler	*Chrysomma sinense*
215	Oriental White-eye	*Zosterops palpebrosus*
216	Asian Fairy-Bluebird	*Irena puella*
217	Chestnut-bellied Nuthatch	*Sitta cinnamoventris*
218	Velvet-fronted Nuthatch	*Sitta frontalis*
219	Southern Hill Myna	*Gracula indica*
220	Jungle Myna	*Acridotheres fuscus*

221	Common Myna	*Acridotheres tristis*
222	Chestnut-tailed Starling	*Sturnia malabarica*
223	Brahminy Starling	*Sturnia pagodarum*
224	Rosy Starling	*Pastor roseus*
225	Malabar Whistling Thrush	*Myophonus horsfieldii*
226	Pied Thrush	*Zoothera wardii*
227	Orange-headed Thrush	*Zoothera citrine*
228	Indian Blackbird	*Turdus simillimus*
229	Indian Blue Robin	*Luscinia brunnea*
230	Oriental Magpie-Robin	*Copsychus saularis*
231	White-rumped Shama	*Copsychus malabaricus*
232	Indian Robin	*Saxicoloides fulicatus*
233	Pied Bush Chat	*Saxicola caprata*
234	Blue Rock Thrush	*Monticola solitaries*
235	Blue-capped Rock Thrush	*Monticola cynclorhynchus*
236	Dark-sided Flycatcher	*Muscicapa sibrica*
237	Asain Brown Flycatcher	*Muscicapa dauurica*
238	Brown-breasted Flycatcher	*Muscicapa muttui*
239	Rusty-tailed Flycatcher	*Muscicapa ruficauda*
240	Red-breasted Flycatcher	*Ficedula parva*
241	Verditer Flycatcher	*Eumyias thalassinus*
242	Nilgiri Flycatcher	*Eumyias albicaudatus*
243	Tickell's Blue Flycatcher	*Cyornis tickelliae*
244	Blue-throated Blue Flycatcher	*Cyornis rubeculoides*
245	Blue-winged Leafbird	*Chloropsis cochinchinensis*
246	Golden-fronted Leafbird	*Chloropsis aurifrons*
247	Thick-billed Flowerpecker	*Dicaeum agile*
248	Pale-billed Flowerpecker	*Dicaeum erythrorhynchos*
249	Nilgiri Flowerpecker	*Dicaeum concolor*
250	Purple-rumped Sunbird	*Leptocoma zeylonica*
251	Crimson-backed Sunbird	*Leptocoma minima*
252	Purple Sunbird	*Cynniris asiaticus*

253	Loten's Sunbird	*Cynniris lotenius*
254	House Sparrow	*Passer domesticus*
255	Yellow-throated Sparrow	*Gymnoris xanthocollis*
256	Streaked Weaver	*Ploceus manyar*
257	Baya Weaver	*Ploceus philippinus*
258	Red Avadavat	*Amandava amandava*
259	Indian Silverbill	*Euodice malabarica*
260	White-rumped Munia	*Lonchura striata*
261	Scaly-breasted Munia	*Lonchura punctulata*
262	Black-throated Munia	*Lonchura kelaarti*
263	Tricolored Munia	*Lonchura Malacca*
264	Forest Wagtail	*Dendronanthus indicus*
265	Western Yellow Wagtail	*Motacilla flava*
266	Grey Wagtail	*Motacilla cinerea*
267	White-browed Wagtail	*Motacilla maderaspatensis*
268	Richard's Pipit	*Anthus richardi*
269	Paddyfield Pipit	*Anthus rufulus*
270	Olive-backed Pipit	*Anthus hodgsoni*
271	Common Rosefinch	*Carpodacus erythrinus*

Lista das zonas florestais abrangidas pelo estudo

District	Forest Division	Forest Range
Erode	Hassanur	Hassanur Thalavadi Talamalai Germalam
	Sathyamangalam	T.N. Palayam
	Erode	Bargur Andhiyur Chennampatti
Salem	Salem	Danishpet Asthampatti Pappiredipatti Yercaud Mettur
	Aathoor	Aathoor Karumandhurai Thamampatti
Dharmapuri	Dharmapuri	Dharmapuri Palacode Hogenakkal Pennagaram
	Harur	Harur Theerthamalai Kotapatti Morapur
Namakkal	Namakkal	Namakkal Kolli Rasipuram Mullukurichi

Krishnagiri	Hosur	Urigam Anchetty Dhenkanikottai Jawalagiri Hosur Rayakottai Krishnagiri
Tiruvannamalai	Tiruvannamalai North	Jamnamarathur
	Tiruvannamalai South	Sathanur Adiannamalai
Villupuram	Villupuram	Villupuram Ulundurpet Gingee
Vellore	Vellore	Ambur Amirthi
	Thirupathur	Yelagiri Chengam Singarapettai
Tiruchirapalli	Tiruchirapalli	Thuraiyur

Perfil dos transectos

Transect Location	Altitude m ASL	Habitat Type	Range	Division	District
Kuttar-Idingal Pallam	322	Open forest	Palacode	Dharmapuri	Dharmapuri
Gudupatti-Silambai	407	Open forest	Palacode	Dharmapuri	Dharmapuri
Kanniammankoil	619	Dense forest	Palacode	Dharmapuri	Dharmapuri
Cauvery River	291	Riparian forest	Hogenakkal	Dharmapuri	Dharmapuri
Bavanur Beat	305	Open forest	Pennagaram	Dharmapuri	Dharmapuri
Koilpallam-Alamarathupallam	345	Open forest	Hogenakkal	Dharmapuri	Dharmapuri
Oothupallam-Muthampatti	490	Rocky scrub	Dharmapuri	Dharmapuri	Dharmapuri
Kottampallam	295	Rocky scrub	Dharmapuri	Dharmapuri	Dharmapuri
Red Sanders Plot-Anjenayar Koil	460	Open forest	Dharmapuri	Dharmapuri	Dharmapuri
Chitteri GH-Natanmangalam	953	Dense forest	Harur	Harur	Dharmapuri
Byrnaickenpatti-Thulukaneri	358	Wetland	Theertamalai	Harur	Dharmapuri

Kambalai River-Vallimadurai Dam	358	Riparian forest	Theertamalai	Harur	Dharmapuri
Vallimadurai RF	340	Riparian forest	Harur	Harur	Dharmapuri
Morapur Red Sanders Plot	340	Open forest	Morapur	Harur	Dharmapuri
Ammapettai River	344	Riparian forest	Kottapatti	Harur	Dharmapuri
Murugan Koil	344	Riparian forest	Kottapatti	Harur	Dharmapuri
Sitling	344	Riparian forest	Kottapatti	Harur	Dharmapuri
Talamalai	893	Dense forest	Talamalai	Hassanur	Erode
Chikkalli	830	Dense forest	Talavadi	Hassanur	Erode
Neithalapuram	913	Open forest	Talavadi	Hassanur	Erode
Jeerahalli	909	Dense forest	Talavadi	Hassanur	Erode
Ongalvaadi	909	Open forest	Hassanur	Hassanur	Erode
Hassanur FGH	909	Dense forest	Hassanur	Hassanur	Erode
Stream behind FGH	909	Riparian forest	Hassanur	Hassanur	Erode
Germalam Check-post	1176	Dense forest	Germalam	Hassanur	Erode
Dodda Shola	1176	Dense forest	Germalam	Hassanur	Erode
Kadambur FGH	900	Dense forest	T N Palayam	Sathyamangalam	Erode
Karadipallam River	900	Riparian forest	T N Palayam	Sathyamangalam	Erode
Makkampalayam FGH	900	Dense forest	T N Palayam	Sathyamangalam	Erode
Makkamplayam River	555	Riparian forest	T N Palayam	Sathyamangalam	Erode

Koilnatham-Kongadai Periyur	1103	Dense forest	Andhiyur	Erode	Erode
Koilnatham-Devasam Kuttai	1103	Dense forest	Andhiyur	Erode	Erode
Varattupallam Dam	310	Wetland	Andhiyur	Erode	Erode
Kakayanur-Varattupallam	310	Wetland	Andhiyur	Erode	Erode
Varattupallam Check-post	370	Open forest	Andhiyur	Erode	Erode
Opposite Varattupallam Dam	310	Open forest	Andhiyur	Erode	Erode
Thattakarai FGH	1117	Dense forest	Bargur	Erode	Erode
Thattakarai FGH – Repeater	1117	Dense forest	Bargur	Erode	Erode
Trail behind Thattakarai FGH	1117	Dense forest	Bargur	Erode	Erode
Opp Thattakarai FGH	1117	Cultivation	Bargur	Erode	Erode
Thattakarai Village	1117	Cultivation	Bargur	Erode	Erode
Karekandi Road	1120	Dense forest	Bargur	Erode	Erode
Oosimalai Road	1120	Open forest	Bargur	Erode	Erode
Bargur-Sundapur	933	Open forest	Bargur	Erode	Erode
Krishnapalayam-Solakanai	933	Open forest	Bargur	Erode	Erode
Tamaraikarai-Sundapur	917	Open forest	Bargur	Erode	Erode
Tamaraikarai-Eratti	988	Open forest	Bargur	Erode	Erode
Eratti Village	988	Cultivation	Bargur	Erode	Erode
Eratti Stream	900	Riparian forest	Bargur	Erode	Erode
Tamaraikarai-Thalakarai	917	Dense forest	Bargur	Erode	Erode

Dholi Pirivu	1050	Dense forest	Andhiyur	Erode	Erode
Kupukadu-Achappan kuttai	312	Cultivation	Sennampatti	Erode	Erode
Thanda Beat Forest	278	Dense forest	Sennampatti	Erode	Erode
Palar River Hill	278	Open forest	Sennampatti	Erode	Erode
Yennaibethala	604	Dense forest	Anchetty	Hosur	Krihsnagiri
Bargur RF	593	Rocky scrub	Krishnagiri	Hosur	Krishnagiri
Maharajakadai RF	590	Dense forest	Krishnagiri	Hosur	Krishnagiri
Melpunguruthi Village	590	Open forest	Krishnagiri	Hosur	Krishnagiri
Vepanapalli RF near Resort	690	Open forest	Krishnagiri	Hosur	Krishnagiri
Jainagar TAP section (Vepanapalli)	592	Open forest	Krishnagiri	Hosur	Krishnagiri
Thogarapalli	472	Open forest	Krishnagiri	Hosur	Krishnagiri
KRP Dam	468	Rocky scrub	Royakottai	Hosur	Krishnagiri
Sokadi RF	570	Open forest	Royakottai	Hosur	Krishnagiri
Melumalai RF (Appaskottai)	610	Open forest	Royakottai	Hosur	Krishnagiri
Alampatti RF	732	Open forest	Royakottai	Hosur	Krishnagiri
Thegalapalli RF	654	Open forest	Hosur	Hosur	Krishnagiri
Chettipalli RF	744	Open forest	Hosur	Hosur	Krishnagiri
Sanamavu RF	845	Riparian forest	Hosur	Hosur	Krishnagiri
Biligundlu River	278	Cultivation	Anchetty	Hosur	Krishnagiri

Uginigam	295	Riparian forest	Urigam	Hosur	Krishnagiri
Aiyur Smaiyeri	992	Open forest	Denkanikottai	Hosur	Krishnagiri
Kodekarai	1035	Cultivation	Denkanikottai	Hosur	Krishnagiri
Kodekarai 1	1035	Dense forest	Denkanikottai	Hosur	Krishnagiri
Melur-Gulatti	942	Dense forest	Denkanikottai	Hosur	Krishnagiri
Doddamanchi	951	Open forest	Anchetty	Hosur	Krishnagiri
Kathiripallam	490	Riparian forest	Anchetty	Hosur	Krishnagiri
FGH-State Border	950	Dense forest	Jawalagiri	Hosur	Krishnagiri
Thattapallam	950	Open forest	Jawalagiri	Hosur	Krishnagiri
FGH-Chandran Eri	950	Dense forest	Jawalagiri	Hosur	Krishnagiri
Devarabetta	965	Open forest	Jawalagiri	Hosur	Krishnagiri
Sholagunda-Ulibunde	970	Cultivation	Jawalagiri	Hosur	Krishnagiri
Urigam-Balagadapallam	600	Cultivation	Urigam	Hosur	Krishnagiri
Balagadapallam	600	Riparian forest	Urigam	Hosur	Krishnagiri
Seengapallam odai	552	Riparian forest	Urigam	Hosur	Krishnagiri
Thegalapalli RF	654	Open forest	Hosur	Hosur	Krishnagiri
Sulagiri RF	709	Rocky scrub	Hosur	Hosur	krishnagiri
Chettipalli RF	744	Open forest	Hosur	Hosur	Krishnagiri
Sanamavu RF	845	Riparian forest	Hosur	Hosur	Krishnagiri

Pandrayanparanathi	912	Open forest	Denkanikottai	Hosur	Krishnagiri
Jawalagiri	950	Cultivation	Jawalagiri	Hosur	Krishnagiri
Karikalpallam	950	Open forest	Jawalagiri	Hosur	Krishnagiri
Deverabetta	965	Open forest	Jawalagiri	Hosur	krishnagiri
Akka-Thangai Lake	625	Wetland	Anchetty	Hosur	Krishnagiri
Sithanadapuram	600	Cultivation	Anchetty	Hosur	Krishnagiri
Doddamanchi	951	Open forest	Anchetty	Hosur	Krishnagiri
Manchi Hill	647	Cultivation	Anchetty	Hosur	Krishnagiri
Kathiri Pallam	490	Riparian forest	Anchetty	Hosur	Krishnagiri
Urigam-Hovalli	600	Open forest	Urigam	Hosur	Krishnagiri
Sokadi RF	570	Open forest	Rayakottai	Hosur	Krishnagiri
Behind Nursery	510	Open forest	Rayakottai	Hosur	Krishnagiri
Melumalai RF	610	Open forest	Rayakottai	Hosur	Krishnagiri
Alampatti RF	732	Cultivation	Rayakottai	Hosur	Krishnagiri
Udedurgam East RF	770	Open forest	Rayakottai	Hosur	Krishnagiri
Avadhanapatti Lake	505	Wetland	Krishnagiri	Hosur	Krishnagiri
Thogarapalli RF	472	Open forest	Krishnagiri	Hosur	Krishnagiri
Pennesvaramadam	462	Rocky scrub	Krishnagiri	Hosur	Krishnagiri
Thimmavaram Lake	505	Wetland	Krishnagiri	Hosur	Krishnagiri
Puliancholai-Sellipatti	1009	Cultivation	Namakkal	Namakkal	Namakkal
Vilaram-Muthurajapalayam	1107	Dense forest	Namakkal	Namakkal	Namakkal

Karavalli (Kolli)	284	Dense forest	Namakkal	Namakkal	Namakkal
Settiarpallam-Karavalli	300	Dense forest	Namakkal	Namakkal	Namakkal
Semmedu-Karayankaadu	1133	Cultivation	Namakkal	Namakkal	Namakkal
Solakadu	1133	Dense forest	Kolli	Namakkal	Namakkal
Ariyur Shola-Ariyur Kaspa	1316	Open forest	Kolli	Namakkal	Namakkal
Masiperiasamy Koil	1300	Dense forest	Kolli	Namakkal	Namakkal
Vellakallar-Selur Kaspa	1193	Open forest	Kolli	Namakkal	Namakkal
Seekuparai	1160	Plantation	Kolli	Namakkal	Namakkal
Kuzhivazhavu RF	1249	Plantation	Kolli	Namakkal	Namakkal
Arapaleeswar Koil-Agayagangai	900	Riparian forest	Kolli	Namakkal	Namakkal
Semmedu-Seekuparai	1160	Cultivation	Kolli	Namakkal	Namakkal
Malayalapatti-Jamboothu	550	Dense forest	Rasipuram	Namakkal	Namakkal
Mallur RF	325	Open forest	Rasipuram	Namakkal	Namakkal
Bylnadu Beat	450	Open forest	Rasipuram	Namakkal	Namakkal
Palliparai Saragam	450	Dense forest	Mullukurichi	Namakkal	Namakkal
Behind FRH	1200	Plantation	Kolli	Namakkal	Namakkkal
Yercaud Trekking Trail	389	Rocky scrub	Asthampatti	Salem	Salem
Thamarainagar-Kombai Check Dam	389	Rocky scrub	Asthampatti	Salem	Salem
Yercaud Check-post-Zoo	389	Rocky scrub	Asthampatti	Salem	Salem
RF after Zoo	389	Open forest	Asthampatti	Salem	Salem

Kiliyur Falls Trail	1350	Dense forest	Yercaud	Salem	Salem
Pagoda point	1350	Open forest	Yercaud	Salem	Salem
Sanyasimalai Karadu	1464	Dense forest	Yeracaud	Salem	Salem
Vaniyar Riverine Trail	1464	Dense forest	Yeracaud	Salem	Salem
Vaniyar Riverine Trail	850	Riparian forest	Yercaud	Salem	Salem
Vazhavandi	850	Riparian forest	Yercaud	Salem	Salem
Vaniyar Dam	484	Wetland	Paapireddipatti	Salem	Salem
Vaniyar Riverine Trail	484	Riparian forest	Paapireddipatti	Salem	salem
Bommipatti RF	486	Rocky scrub	Danishpet	Salem	Salem
Ulkombai	450	Riparian forest	Danishpet	Salem	Salem
Thoppayar Dam	366	Rocky scrub	Danishpet	Salem	Salem
Muttal Beat	350	Rocky scrub	Aathoor	Aathoor	Salem
Periyar Nagar	350	Rocky scrub	Aathoor	Aathoor	Salem
Muttal-Pattrimedu Trail	681	Rocky scrub	Aathoor	Aathoor	Salem
Muttal-Water Fall	307	Riparian forest	Aathoor	Aathoor	Salem
Karumanthurai FGH-Kalakampaadi	752	Open forest	Karumanthurai	Aathoor	Salem
Manmalai	450	Riparian forest	Thammampatti	Aathoor	Salem
Naripadi & Belur South Beat	466	Rocky scrub	Thammampatti	Aathoor	Salem
Vepanthattai-Malupalli	466	Rocky scrub	Thammampatti	Aathoor	Salem
Melthombai-Vanarayan Trail	466	Rocky scrub	Thammampatti	Aathoor	Salem

Bargur North RF	280	Open forest	Mettur	Salem	Salem
Tharkadu	280	Open forest	Mettur	Salem	Salem
Koonoor RF	300	Open forest	Mettur	Salem	Salem
Kombrankadu	250	Rocky scrub	Mettur	Salem	Salem
Topsengattupatty	890	Cultivation	Thuraiyur	Tiruchy	Tiruchy
Solamathi	720	Cultivation	Thuraiyur	Tiruchy	Tiruchy
Reservoir	206	Wetland	Sathanur	Tiruvannamalai South	Tiruvannamalai
Pick-up Dam	206	Dense forest	Sathanur	Tiruvannamalai South	Tiruvannamalai
Kuttathur	622	Cultivation	Jamnamarathur	Tiruvannamalai North	Tiruvannamalai
Adiannamalai	175	Cultivation	Tiruvannamalai	Tiruvannamalai North	Tiruvannamalai
Kuttathur	622	Riparian forest	Jamnamarathur	Tiruvannamalai North	Tiruvannamalai
Senankuppam RF	380	Dense forest	Ambur	Vellore	Vellore
Panankateri	504	Dense forest	Ambur	Vellore	Vellore
Singarapettai RF	358	Dense forest	Singarapettai	Tirupattur	Vellore
Singarapettai West	358	Dense forest	Singarapettai	Tirupattur	Vellore
Then Pennaiyar River	358	Riparian forest	Chengam	Tirupattur	Vellore
Samimalai	1114	Open forest	Yelagiri	Tirupattur	Vellore
Thayalur	1114	Open forest	Yelagiri	Tirupattur	Vellore
Kottaiyur	988	Open forest	Yelagiri	Tirupattur	Vellore
Lake side	1017	Plantation	Yelagiri	Tirupattur	Vellore
Navaloothu	817	Plantation	Yelagiri	Tirupattur	Vellore

Mamarathupaallam	634	Dense forest	Kavalur	Tirupattur	Vellore
Vasanthapuram	675	Dense forest	Kavalur	Tirupattur	Vellore
Krishnapuram	664	Dense forest	Kavalur	Tirupattur	Vellore
Amrithi-Water Fall	312	Dense forest	Amrithi	Vellore	Vellore
Amrithi-Village	312	Dense forest	Amrithi	Vellore	Vellore
Gangavaram RF	162	Open forest	Viluppuram	Viluppuram	Viluppuram
Kuthakudi RF	85	Open forest	Ulundurpettai	Viluppuram	Viluppuram
Gingee FRH-Perungapur (Muttukadu RF)	121	Plantation	Gingee	Viluppuram	Viluppuram
Siruvadi RF (Pachaiamman Koil Trail)	125	Open forest	Gingee	Viluppuram	Viluppuram
Pakkam East RF (Periyamur)	130	Cultivation	Gingee	Viluppuram	Viluppuram

Lista de Aves com Frequência de Observação e Amplitude Altitudinal

Species	Frequency	Min Alt (m)	Max Alt (m)
Red-vented Bulbul	429	72	1486
Red-whiskered Bulbul	300	72	1486
White-browed Bulbul	292	85	1176
Common Iora	229	85	1486
Purple-rumped Sunbird	200	85	1486
Indian Robin	177	85	1176
Spotted Dove	171	150	1176
Common Tailorbird	169	129	1117
Purple Sunbird	166	85	1486
Rufous Treepie	154	85	1500
Rose-ringed Parakeet	141	85	1176
Yellow-billed Babbler	139	114	1486
White-cheeked Barbet	137	345	1486
Jungle Babbler	132	130	1300
Blyth's Reed Warbler	129	150	1484
Black Drongo	120	85	1350
Coppersmith Barbet	120	85	1486
Greater Coucal	118	85	1176

Malabar Parakeet	118	312	1166
Oriental Magpie Robin	118	114	1464
Green Bee-eater	115	125	1117
Common Myna	103	85	1117
Puff-throated Babbler	101	278	1464
White-throated Kingfisher	98	72	1117
Grey Junglefowl	97	150	1486
Asian Paradise Flycatcher	96	85	1486
Laughing Dove	95	85	1103
Blue-faced Malkoha	94	85	1166
Ashy Prinia	90	72	1117
Gold-fronted Leaf Bird	85	206	1486
White-rumped Shama	82	150	1166
Asian Palm Swift	79	85	1117
Tickell's Blue Flycatcher	78	278	1486
Red-rumped Swallow	76	150	1117
Large-billed Crow	74	85	1464
Pied Bushchat	74	85	1117
Black-hooded Oriole	70	206	1166
Asian Koel	69	85	1166
Oriental White-eye	65	490	1446
Black-rumped Flameback	63	85	1500
House Crow	60	150	1017
Grey Francolin	59	121	1103
White-browed Wagtail	57	129	1117
Loten's Sunbird	56	150	1176
Small Minivet	55	85	1176
White-bellied Drongo	55	278	1464
Grey Wagtail	54	291	1486
Indian Peafowl	54	85	933
Indian Roller	54	150	1117
Indian Scimitar Babbler	54	278	1166
Tawny-bellied Babbler	54	150	1176
Greater Racket-tailed Drongo	52	280	1500
Shikra	52	150	1117
Red-wattled Lapwing	51	125	1117
Indian Grey Hornbill	49	206	1117
Jungle Myna	46	312	1464
Brahminy Starling	45	85	1117
Brown Shrike	45	85	1117
Common Hawk Cuckoo	45	85	1117
Greenish Warbler	45	150	1464
Plum-headed Parakeet	44	206	1464
Scarlet Minivet	44	340	1486
Bronzed Drongo	42	310	1464

Grey-breasted Prinia	41	150	1117
Pale-billed Flowerpecker	41	150	1035
Baya Weaver	39	85	1017
Bay-backed Shrike	39	129	950
Indian Pond Heron	39	150	1117
Common Woodshrike	37	162	1166
Plain Prinia	37	150	1117
Common Hoopoe	36	129	1103
Brown-headed Barbet	35	280	1117
Scaly-breasted Munia	35	72	1117
Spotted Owlet	35	121	950
Pied Cuckoo	34	85	988
Black-headed Cuckoo Shrike	33	150	988
Ashy Wood Swallow	32	85	1486
Jungle Prinia	32	150	1114
House Sparrow	31	130	1300
Jerdon's Bushlark	31	85	1035
Blue-bearded Bee-eater	30	278	1300
Large Grey Babbler	30	130	893
Lesser White-throat	27	150	970
White-breasted Waterhen	27	250	1117
Indian Nightjar	25	137	752
Jungle Owlet	25	206	953
White-rumped Munia	25	85	1176
Black-naped Monarch	23	278	988
Brown-cheeked Fulvetta	23	340	1176
Common Kingfisher	23	125	1017
Indian Silverbill	23	129	992
Jerdon's Nightjar	23	206	1117
Velvet-fronted Nuthatch	23	622	1440
Brown-capped Pygmy Woodpecker	21	278	1035
Eurasian Golden Oriole	21	150	1350
Little Cormorant	21	162	1017
Asian Brown Flycatcher	20	150	1117
Asian Fairy Bluebird	20	278	1464
Bar-winged Flycatcher Shrike	19	344	1464
Brahminy Kite	19	206	965
Eurasian Blackbird	19	358	1440
Eurasian Collared Dove	18	85	950
House Swift	18	125	1176
Large Cuckoo-Shrike	18	150	1163
Mottled Wood Owl	18	167	953
Pied Kingfisher	17	150	900

White-naped Woodpecker	16	322	1074
Ashy Drongo	15	310	1350
Black Eagle	14	312	1117
Black-shouldered Kite	14	85	1117
Blue-tailed Bee-eater	14	85	622
Crested Serpent Eagle	14	130	1464
Grey Heron	14	206	909
Little Egret	14	298	893
Spot-billed Duck	14	206	913
Barn Swallow	13	85	1086
Square-tailed Bulbul	13	950	1464
Black-headed Munia	13	72	1300
White-throated Fantail	13	242	830
Chestnut-headed Bee-eater	12	278	900
Crested Tree Swift	12	206	1464
Eurasian Eagle Owl	12	150	953
Green Sandpiper	12	150	1117
Long-tailed Shrike	12	360	1117
Brown Fish Owl	11	291	1166
Chestnut-bellied Nuthatch	11	555	1464
Green Imperial Pigeon	11	555	909
Grey-bellied Cuckoo	11	150	1117
Thick-billed Flowerpecker	11	622	1176
Verditer Flycatcher	11	310	1486
Black Kite	10	278	1420
Cinereous Tit	10	490	992
Indian Swiftlet	10	555	555
White-eyed Buzzard	10	125	484
Little Grebe	10	125	460
Chestnut-shouldered Petronia	9	150	950
Emerald Dove	9	344	1464
Greater Flameback	9	358	1166
Indian Pitta	9	322	1103
Oriental Honey Buzzard	9	298	1166
Red Spurfowl	9	312	1035
Rock Pigeon	9	129	909
Blue-throated Flycatcher	8	305	1089
Common Sandpiper	8	298	625
Forest Wagtail	8	150	622
Lesser Yellow-nape	8	358	1163
Paddy-field Pipit	8	206	1114
Plain Flowerpecker	8	389	1117
Sirkeer Malkoha	8	278	950

Streak-throated Woodpecker	8	278	1176
Yellow-eyed Babbler	8	206	486
Yellow-crowned Woodpecker	8	298	1114
Ashy Crowned Sparrow Lark	7	206	732
Blue-capped Rock Thrush	7	450	1464
Blue-winged Leafbird	7	310	1035
Chestnut-tailed Starling	7	206	1050
Clamorous Reed Warbler	7	298	953
Indian Cormorant	7	206	505
Richard's Pipit	7	206	484
Stork-billed Kingfisher	7	291	933
White-browed Fantail	7	278	933
Brown-breasted Flycatcher	6	358	1464
Dusky Crag Martin	6	555	1035
Little Ringed Plover	6	206	400
Orange-headed Thrush	6	358	1350
Rufous Woodpecker	6	555	1163
Short-toed Eagle	6	130	845
Yellow-throated Bulbul	6	150	933
Besra	6	600	1000
Vernal Hanging Parrot	6	310	1117
Asian Openbill	5	278	505
Black-headed Ibis	5	298	893
Catle Egret	5	298	484
Common Kestrel	5	298	1103
European Bee-eater	5	206	933
Intermediate Egret	5	206	893
Jungle Bush Quail	5	150	893
Oriental Darter	5	206	992
Purple Heron	5	206	893
Red-throated Flycatcher	5	850	953
Rufous-tailed Shrike	5	460	1464
Zitting Cisticola	5	85	988
Black-capped Night Heron	4	298	450
Booted Warbler	4	366	744
Common Moorhen	4	505	1050
Large-billed Leaf Warbler	4	322	1440
Little Heron	4	298	484
Painted Spurfowl	4	150	450
Painted Stork	4	450	913
Rosy Starling	4	206	1117
Rusty-tailed Flycatcher	4	450	1464
Yellow Wagtail	4	206	400

Alpine Swift	3	555	988
Black-winged Stilt	3	206	450
Brown Hawk Owl	3	295	953
Changeable Hawk Eagle	3	206	484
Common Babbler	3	150	787
Common Coot	3	400	505
Crimson-backed Sunbird	3	909	1176
Grey-headed Fish Eagle	3	291	305
Malabar Whistling Thrush	3	830	1350
Nilgiri Wood Pigeon	3	555	1035
River Tern	3	206	291
White-rumped Vulture	3	907	909
Wood Sandpiper	3	278	344
Woolly-necked Stork	3	278	344
Yellow-footed Green Pigeon	3	490	893
Black Ibis	2	913	932
Black-naped Oriole	2	291	787
Blue Rock Thrush	2	389	600
Common Rosefinch	2	622	1103
Great Hornbill	2	909	909
Hill Myna	2	975	1176
Indian Golden Oriole	2	312	370
Large Egret	2	450	893
Marsh Sandpiper	2	206	298
Orange-breasted Green Pigeon	2	310	358
Oriental Turtle Dove	2	344	400
Pheasant-tailed Jacana	2	505	505
Purple Swamphen	2	845	893
Red Avadavat	2	845	893
Spot-bellied Eagle Owl	2	619	917
Yellow-browed Bulbul	2	85	1176
Yellow-wattled Lapwing	2	555	555
Tawny Eagle	2	350	600
Amur Falcon	1	555	555
Black-throated Munia	1	1176	1176
Bonelli's Eagle	1	845	845
Booted Eagle	1	744	744
Common Ringed Plover	1	358	358
Common Teal	1	366	366
Dark-sided Flycatcher	1	1035	1035
Eurasian Cuckoo	1	552	552
Eurasian Marsh Harrier	1	505	505

Grey-headed Bulbul	1	925	925
Indian Blue Robin	1	933	933
Indian Scops Owl	1	988	988
Jack Snipe	1	400	400
Lesser Fish Eagle	1	291	291
Malayan Night Heron	1	830	830
Northern Pintail	1	242	242
Oriental Dwarf Kingfisher	1	555	555
Oriental Scops Owl	1	1103	1103
Oriental Skylark	1	150	200
Osprey	1	468	468
Paddy-field Warbler	1	619	619
Peregrine Falcon	1	468	468
Pied Thrush	1	1035	1035
Pompadour Green Pigeon	1	909	909
Rufous-bellied Eagle	1	1176	1176
Savanna Nightjar	1	389	389
Steppe Eagle	1	298	298
Streaked Weaverbird	1	752	752
Syke's Lark	1	206	206
Western Reef Egret	1	400	400
Wire-tailed Swallow	1	600	600
Yellow Bittern	1	505	505
Black Bittern	1	850	950
Cinnamon Bittern	1	850	950
Common Buzzard	1	150	300
Drongo Cuckoo	1	300	400
Spangled Drongo	1	750	800
Small Pratincole	1	260	260
Tickell's Leaf Warbler	1	389	389
	8455		

Distribuição das espécies nos diferentes tipos de habitat

Species	Deciduous Forest	Open Forest	Plantation	Riparian Forest	Cultivation	Rocky Scrub	Wetland
Alpine Swift	1	0	0	0	0	1	0
Amur Falcon	0	1	0	0	0	0	0
Ashy Crowned Sparrow Lark	0	1	0	0	1	0	1
Ashy Drongo	1	1	0	1	1	0	0
Ashy Prinia	1	1	0	1	1	1	1
Ashy Wood Swallow	1	1	1	1	1	1	1
Asian Brown Flycatcher	1	1	1	1	0	1	0
Asian Fairy Bluebird	1	0	0	1	0	0	0
Asian Koel	1	1	1	1	1	1	1
Asian Openbill	0	0	0	1	1	0	1
Asian Palm Swift	1	1	1	1	1	1	1
Asian Paradise Flycatcher	1	1	1	1	1	0	0
Barn Swallow	1	1	0	1	1	0	1
Bar-winged Flycatcher Shrike	1	0	0	1	0	0	0
Baya Weaver	1	1	0	1	1	1	1
Bay-backed Shrike	0	1	0	1	1	1	1
Besra	1	0	0	0	0	0	0
Black Bittern	0	0	0	1	0	0	0
Black Drongo	1	1	1	1	1	1	1
Black Eagle	1	0	0	1	0	0	0
Black Ibis	0	1	0	0	1	0	0
Black Kite	0	1	0	1	1	0	1
Black-capped Night Heron	0	0	0	0	0	0	1
Black-headed Cuckoo Shrike	1	1	1	1	1	0	0
Black-headed Ibis	0	0	0	0	0	0	1
Black-headed Munia	0	1	0	1	1	0	1
Black-hooded Oriole	1	0	0	1	0	0	0
Black-naped Monarch	1	1	0	1	0	0	0
Black-naped Oriole	1	0	1	0	0	0	0
Black-rumped Flameback	1	1	1	1	1	1	0
Black-shouldered Kite	0	1	0	0	1	1	0
Black-throated Munia	1	0	0	0	0	0	0
Black-winged Stilt	0	0	0	0	0	0	1
Blue Rock Thrush	0	1	0	0	0	1	0
Blue-bearded Bee-eater	1	0	1	0	0	0	0
Blue-capped Rock Thrush	1	0	1	1	0	0	0
Blue-faced Malkoha	1	1	0	1	1	0	0
Blue-tailed Bee-eater	0	1	1	0	1	1	1
Blue-throated Flycatcher	1	1	0	1	0	0	0
Blue-winged Leafbird	1	0	0	1	0	0	0
Blyth's Reed Warbler	1	1	1	1	1	0	1

Bonelli's Eagle	0	0	0	1	0	0	0
Booted Eagle	0	1	0	0	0	0	0
Booted Warbler	0	1	0	0	1	1	0
Brahminy Kite	0	1	0	1	1	1	1
Brahminy Starling	1	1	1	1	1	1	0
Bronzed Drongo	1	0	1	1	0	0	0
Brown Fish Owl	1	1	1	1	0	0	1
Brown Hawk Owl	1	0	0	1	0	0	0
Brown Shrike	1	1	1	1	1	1	1
Brown-breasted Flycatcher	1	1	0	1	0	0	0
Brown-capped Pygmy Woodpecker	1	1	0	1	0	0	0
Brown-cheeked Fulvetta	1	0	0	1	0	0	0
Brown-headed Barbet	1	1	0	1	0	0	0
Catle Egret	0	0	0	0	1	0	1
Changeable Hawk Eagle	1	0	0	1	0	0	0
Chestnut-bellied Nuthatch	1	0	0	1	0	0	0
Chestnut-headed Bee-eater	1	1	0	1	0	0	0
Chestnut-shouldered Petronia	1	1	1	0	0	0	0
Chestnut-tailed Starling	1	0	1	0	0	0	0
Cinereous Tit	1	0	0	1	0	0	0
Cinnamon Bittern	0	0	0	1	0	0	0
Clamorous Reed Warbler	0	0	0	0	1	0	1
Common Babbler	0	1	1	0	1	0	0
Common Buzzard	0	1	0	0	0	0	0
Common Coot	0	0	0	0	0	0	1
Common Hawk Cuckoo	1	1	1	1	1	1	1
Common Hoopoe	1	1	1	1	1	1	1
Common Iora	1	1	1	1	1	1	0
Common Kestrel	0	1	0	1	1	0	0
Common Kingfisher	1	1	0	1	1	0	1
Common Moorhen	0	0	0	0	0	0	1
Common Myna	1	1	1	1	1	1	1
Common Ringed Plover	0	0	0	1	0	0	0
Common Rosefinch	1	0	0	0	0	0	0
Common Sandpiper	0	0	0	0	0	0	1
Common Tailorbird	1	1	1	1	1	1	1
Common Teal	0	0	0	0	0	0	1
Common Woodshrike	1	1	1	0	0	0	0
Coppersmith Barbet	1	1	1	1	1	0	0
Crested Serpent Eagle	1	0	1	1	0	0	0
Crested Tree Swift	1	1	0	1	1	0	0
Crimson-backed Sunbird	1	0	0	0	0	0	0
Dark-sided Flycatcher	1	0	0	0	0	0	0

Drongo Cuckoo	1	1	0	0	0	0	0
Dusky Crag Martin	1	1	0	1	0	0	0
Emerald Dove	1	0	0	1	0	0	0
Eurasian Blackbird	1	0	1	0	0	0	0
Eurasian Collared Dove	0	1	1	1	1	1	1
Eurasian Cuckoo	0	0	0	1	0	0	0
Eurasian Eagle Owl	1	1	1	0	0	0	0
Eurasian Golden Oriole	1	1	1	1	0	0	0
Eurasian Marsh Harrier	0	0	0	0	0	0	1
European Bee-eater	0	1	0	0	0	0	0
Forest Wagtail	1	1	0	1	0	0	0
Gold-fronted Leaf Bird	1	1	1	1	0	0	0
Great Hornbill	1	0	0	0	0	0	0
Greater Coucal	1	1	1	1	1	1	1
Greater Flameback	1	0	0	1	0	0	0
Greater Racket-tailed Drongo	1	0	1	1	0	0	0
Green Bee-eater	1	1	1	1	1	1	1
Green Imperial Pigeon	1	0	0	0	0	0	0
Green Sandpiper	0	0	0	1	0	0	1
Greenish Warbler	1	1	1	1	0	0	0
Grey Francolin	0	1	0	0	1	1	1
Grey Heron	0	0	0	0	0	0	1
Grey Junglefowl	1	1	1	1	0	0	0
Grey Wagtail	1	1	1	1	1	0	0
Grey-bellied Cuckoo	0	1	1	0	0	0	0
Grey-breasted Prinia	1	1	1	1	1	1	1
Grey-headed Bulbul	1	0	0	0	0	0	0
Grey-headed Fish Eagle	0	1	0	0	0	0	1
Hill Myna	1	0	0	0	0	0	0
House Crow	0	1	1	1	1	1	1
House Sparrow	0	1	0	0	1	1	1
House Swift	0	1	0	1	1	0	1
Indian Blue Robin	0	0	0	1	0	0	0
Indian Cormorant	0	0	0	0	0	0	1
Indian Golden Oriole	1	0	0	0	0	0	0
Indian Grey Hornbill	1	1	1	1	0	0	0
Indian Nightjar	0	1	0	0	0	1	1
Indian Peafowl	0	1	1	0	1	1	1
Indian Pitta	1	1	0	0	0	0	0
Indian Pond Heron	0	0	1	1	1	0	1
Indian Robin	0	1	1	1	1	1	0
Indian Roller	1	1	1	0	1	0	1
Indian Scimitar Babbler	1	1	1	1	0	0	0
Indian Scops Owl	0	0	0	0	1	0	0

Indian Silverbill	0	1	0	0	1	0	1
Indian Swiftlet	1	0	0	1	0	0	0
Intermediate Egret	0	0	0	0	1	0	1
Jack Snipe	0	0	0	0	0	0	1
Jerdon's Bushlark	0	1	0	0	1	0	1
Jerdon's Nightjar	1	1	0	0	0	0	0
Jungle Bush Quail	1	1	0	0	0	0	0
Jungle Babbler	1	1	1	1	1	0	0
Jungle Myna	1	1	1	0	1	0	0
Jungle Owlet	1	0	1	1	0	0	0
Jungle Prinia	0	1	1	0	1	0	0
Large Cuckoo-Shrike	1	0	0	1	0	0	0
Large Egret	0	0	0	0	0	0	1
Large Grey Babbler	0	1	0	0	1	1	0
Large-billed Crow	1	1	1	1	1	1	0
Large-billed Leaf Warbler	1	0	1	1	0	0	0
Laughing Dove	0	1	0	0	1	1	1
Lesser Fish Eagle	0	0	0	0	0	0	1
Lesser White-throat	0	1	0	0	1	0	1
Lesser Yellow-nape	1	0	0	1	0	0	0
Little Cormorant	0	0	0	1	0	0	1
Little Egret	0	0	0	1	1	0	1
Little Grebe	0	0	0	0	0	0	1
Little Heron	0	0	0	1	0	0	0
Little Ringed Plover	0	0	0	0	0	0	1
Long-tailed Shrike	0	0	0	0	1	1	0
Loten's Sunbird	1	1	0	1	0	0	0
Malabar Parakeet	1	0	0	1	0	0	0
Malabar Whistling Thrush	1	0	0	1	0	0	0
Malayan Night Heron	1	0	0	0	0	0	0
Marsh Sandpiper	0	0	0	0	0	0	1
Mottled Wood Owl	1	1	0	0	0	0	0
Nilgiri Wood Pigeon	1	0	0	0	0	0	0
Northern Pintail	0	0	0	0	0	0	1
Orange-breasted Green Pigeon	1	0	0	0	0	0	0
Orange-headed Thrush	1	0	0	1	0	0	0
Oriental Darter	0	0	0	1	0	0	1
Oriental Dwarf Kingfisher	1	0	0	0	0	0	0
Oriental Honey Buzzard	1	1	0	1	0	0	0
Oriental Magpie Robin	1	1	0	1	1	0	0
Oriental Scops Owl	1	0	0	0	0	0	0
Oriental Skylark	0	1	0	0	0	0	0
Oriental Turtle Dove	0	0	0	1	0	0	1
Oriental White-eye	1	1	1	1	1	0	0

Osprey	0	0	0	0	0	0	1
Paddy-field Pipit	0	0	0	0	0	0	1
Paddy-field Warbler	0	0	0	1	0	0	0
Painted Spurfowl	0	1	0	0	0	0	0
Painted Stork	0	0	0	0	0	0	1
Pale-billed Flowerpecker	1	1	1	1	1	0	0
Peregrine Falcon	0	0	0	0	0	0	1
Pheasant-tailed Jacana	0	0	0	0	0	0	1
Pied Bushchat	1	1	1	1	1	1	1
Pied Cuckoo	0	1	1	0	1	0	1
Pied Kingfisher	0	0	0	0	0	0	1
Pied Thrush	1	0	0	0	0	0	0
Plain Flowerpecker	1	1	1	0	0	0	0
Plain Prinia	0	1	0	0	1	1	1
Plum-headed Parakeet	1	1	1	1	0	0	0
Pompadour Green Pigeon	1	0	0	0	0	0	0
Puff-throated Babbler	1	1	1	1	0	0	0
Purple Heron	0	0	0	0	0	0	1
Purple Sunbird	1	1	1	1	1	1	0
Purple Swamphen	0	0	0	0	0	0	1
Purple-rumped Sunbird	1	1	1	1	1	0	0
Red Avadavat	0	1	0	1	0	0	0
Red Spurfowl	1	0	0	1	0	0	0
Red-rumped Swallow	1	1	1	1	1	1	0
Red-throated Flycatcher	1	1	0	1	1	0	0
Red-vented Bulbul	1	1	1	1	1	1	1
Red-wattled Lapwing	0	1	0	1	1	1	1
Red-whiskered Bulbul	1	1	1	1	1	1	1
Richard's Pipit	0	1	0	0	1	0	1
River Tern	0	0	0	1	0	0	1
Rock Pigeon	0	1	0	0	1	0	0
Rose-ringed Parakeet	1	1	1	1	1	0	0
Rosy Starling	0	1	0	0	1	0	0
Rufous Treepie	1	1	1	1	1	0	1
Rufous Woodpecker	1	0	0	0	0	0	0
Rufous-bellied Eagle	1	0	0	0	0	0	0
Rufous-tailed Shrike	1	0	0	1	1	0	0
Rusty-tailed Flycatcher	1	0	0	1	0	0	0
Savanna Nightjar	0	1	0	0	0	0	0
Scaly-breasted Munia	1	1	0	1	1	0	1
Scarlet Minivet	1	1	1	1	1	0	0
Shikra	1	1	1	1	1	1	1
Short-toed Eagle	0	1	0	1	1	0	0
Sirkeer Malkoha	1	1	0	0	1	0	0

Small Minivet	1	1	0	1	0	0	0
Small Pratincole	0	0	0	0	0	0	1
Spangled Drongo	1	0	0	0	0	0	0
Spot-bellied Eagle Owl	1	0	0	0	0	0	0
Spot-billed Duck	0	0	0	0	0	0	1
Spotted Dove	1	1	1	1	1	1	1
Spotted Owlet	0	1	0	0	1	0	0
Square-tailed Bulbul	1	0	0	0	0	0	0
Steppe Eagle	0	1	0	0	0	0	0
Stork-billed Kingfisher	0	0	0	1	0	0	0
Streaked Weaverbird	0	0	0	0	0	0	1
Streak-throated Woodpecker	1	1	1	1	0	0	0
Syke's Lark	1	0	0	0	0	0	0
Tawny Eagle	0	1	0	0	0	0	0
Tawny-bellied Babbler	1	1	1	1	1	1	1
Thick-billed Flowerpecker	1	0	1	1	0	0	0
Tickell's Blue Flycatcher	1	1	1	1	1	1	1
Tickell's Leaf Warbler	0	0	0	0	0	1	0
Velvet-fronted Nuthatch	1	0	1	1	0	0	0
Verditer Flycatcher	1	0	1	0	0	0	0
Vernal Hanging Parrot	1	0	0	0	0	0	0
Western Reef Egret	0	0	0	0	0	0	1
White-bellied Drongo	1	1	1	1	1	0	0
White-breasted Waterhen	0	0	0	1	1	0	1
White-browed Bulbul	1	1	1	1	1	1	1
White-browed Fantail	0	1	0	1	0	0	0
White-browed Wagtail	0	0	0	1	1	0	1
White-cheeked Barbet	1	0	1	1	0	0	0
White-eyed Buzzard	0	1	0	0	1	1	0
White-naped Woodpecker	1	1	0	1	1	1	0
White-rumped Munia	1	1	0	1	0	1	0
White-rumped Shama	1	1	0	1	0	0	0
White-rumped Vulture	0	1	0	0	0	0	0
White-throated Fantail	0	1	0	0	0	0	1
White-throated Kingfisher	1	1	1	1	1	1	1
Wire-tailed Swallow	0	0	0	1	0	0	0
Wood Sandpiper	0	0	0	0	0	0	1
Woolly-necked Stork	0	0	0	0	0	0	1
Yellow Bittern	0	0	0	0	0	0	1
Yellow Wagtail	0	0	0	1	0	0	1
Yellow-billed Babbler	1	1	1	1	1	1	1
Yellow-browed Bulbul	1	0	0	0	0	0	0
Yellow-crowned Woodpecker	1	1	0	0	0	0	0
Yellow-eyed Babbler	1	1	0	0	0	0	0

Yellow-footed Green Pigeon	1	0	0	0	0	0	0
Yellow-throated Bulbul	0	1	0	0	0	0	0
Yellow-wattled Lapwing	0	0	0	0	1	0	0
Zitting Cisticola	0	0	0	1	0	0	1
	152	**141**	**82**	**141**	**100**	**54**	**101**

Buy your books fast and straightforward online - at one of world's fastest growing online book stores! Environmentally sound due to Print-on-Demand technologies.

Buy your books online at
www.morebooks.shop

Compre os seus livros mais rápido e diretamente na internet, em uma das livrarias on-line com o maior crescimento no mundo! Produção que protege o meio ambiente através das tecnologias de impressão sob demanda.

Compre os seus livros on-line em
www.morebooks.shop

info@omniscriptum.com
www.omniscriptum.com

Printed by Books on Demand GmbH, Norderstedt / Germany